京津冀

种植业农用化学品减量增效路径与污染防控对策

◎串丽敏　王爱玲　郑怀国　等　编著

中国农业科学技术出版社

图书在版编目（CIP）数据

京津冀种植业农用化学品减量增效路径与污染防控对策／串丽敏等编著．--北京：中国农业科学技术出版社，2021.11

ISBN 978-7-5116-5547-9

Ⅰ.①京…　Ⅱ.①串…　Ⅲ.①农业-化工产品-环境污染-污染防治-研究-华北地区　Ⅳ.①X592

中国版本图书馆CIP数据核字（2021）第211840号

责任编辑　申　艳　姚　欢
责任校对　李向荣
责任印制　姜义伟　王思文

出 版 者　中国农业科学技术出版社
北京市中关村南大街12号　邮编：100081
电　　话　(010)82106636(编辑室)　(010)82109702(发行部)
(010)82109709(读者服务部)
传　　真　(010)82106636
网　　址　http://www.castp.cn
经 销 者　各地新华书店
印 刷 者　北京建宏印刷有限公司
开　　本　170 mm×240 mm　1/16
印　　张　9
字　　数　130千字
版　　次　2021年11月第1版　2021年11月第1次印刷
定　　价　58.00元

《京津冀种植业农用化学品减量增效路径与污染防控对策》

编著人员

串丽敏　王爱玲　郑怀国　姜玲玲

赵　姜　山　楠　赵静娟　孙素芬

龚　晶　颜志辉　齐世杰　秦晓婧

张　辉　张晓静　李凌云　贾　倩

李　楠　祁　冉

序

近30年来，随着农业集约化水平和土地生产力的不断提高，化肥、农药、农膜等农用化学品的使用空前增加。化肥、农药、农膜作为重要的农用化学投入品，对于保障国家粮食安全、提高农业生产力、改善民生有着不可替代的作用。然而，由于不合理的投入和不科学的管理，它们对耕地产出能力和农产品质量安全也造成了威胁，还带来一系列环境问题，成为农业面源污染的主要来源，是导致地表水和地下水环境污染的重要因素。习近平总书记在2020年科学家座谈会上明确指出，在农业方面，很多种子大量依赖国外，农产品种植和加工技术相对落后，一些地区农业面源污染、耕地重金属污染严重。农业生产中化学投入品减量增效与污染防控引起了社会各界的高度重视。

京津冀协同发展是国家重大战略。京津冀以2.3%的国土面积，承载了我国8%的人口，贡献了10%的国内生产总值。京津冀具有良好的自然和农业生产条件，在我国农业生产中具有重要地位。但是，该区域农业复种指数高，产出强度大，农户在化肥、农药、农膜等农用化学品使用中普遍存在盲目或过量行为，导致其消耗量居高不下，种植业环境负荷较高，对大气、土壤、水环境及农产品质量和人体健康等造成潜在威胁。京津冀农用化学品投入如何减量增效、种植业源环境污染如何防控与治理已经成为政府和科技工作者关注的焦点。

农户是农用化学品的直接购买者和使用者，其科学素养和知识技术的掌握能力对实现农用化学品的减量增效及种植业源环境污染防控有重要影响。为有效缓解京津冀种植业源污染，需要明确京津冀农用化学品投入变化特征，了解农户农用化学品使用行为，提出农用化学品减量增效路径与污染防控对策，是京津冀农业环境污染防控亟须解决的重要问题，也是实现区域可持续发展面临的重要挑战。

本书正是基于上述背景，从宏观层面分析了2010年以来北京、天津和河北化肥、农药、农膜等农用化学投入品的使用量、消长规律、施肥强度、施药强度、用膜强度等特征；基于农户视角，从微观层面摸清农户对种植业源环境污染的认知与意识，农户化肥、农药、农膜使用行为，以及农业清洁生产技术采纳意愿，进一步探究京津冀种植业源环境污染形成的原因；通过梳理总结国际种植业农用化学品减量增效技术与管控措施经验，提出京津冀种植业农用化学品减量增效路径与污染防控对策。该研究成果可为推动京津冀农业绿色发展提供理论依据，为提升管理部门决策水平提供智库支撑。

该书的撰写是在北京市社会科学基金“京津冀种植业源污染治理路径与防控对策”（18GLC048）以及国家重点研发计划课题“蔬菜养分推荐方法与限量标准”（2016YFD0200103）共同支持下完成的。在研究与写作过程中，得到了相关管理部门和专家学者的大力支持，参阅了大量相关文献。由于时间和水平所限，本书难免存在遗漏或不妥之处，敬请批评指正。

编著者

2021年9月

目　　录

第一章　绪论 …………………………………………………………… (1)
一、研究背景 …………………………………………………………… (1)
二、国内外研究进展 ……………………………………………………… (2)
三、研究意义 …………………………………………………………… (4)
第二章　研究区概况与研究方法 ……………………………………… (5)
一、研究区概况 ………………………………………………………… (5)
二、研究方法 …………………………………………………………… (6)
第三章　京津冀农用化学品投入量研究 ……………………………… (7)
一、化肥施用量变化特征 ……………………………………………… (7)
（一）化肥施用总量特征 ……………………………………………… (7)
（二）化肥施用强度特征 ……………………………………………… (15)
二、农药使用量变化特征 ……………………………………………… (20)
（一）农药使用总量特征 ……………………………………………… (20)
（二）农药使用强度特征 ……………………………………………… (21)
三、农用薄膜使用量变化特征 ………………………………………… (22)
（一）农用薄膜使用总量特征 ………………………………………… (22)
（二）农用薄膜使用强度特征 ………………………………………… (24)
四、小结 ………………………………………………………………… (26)
第四章　京津冀农户农用化学品投入行为与技术采纳意愿研究 …… (29)
一、调查问卷设计与实施 ……………………………………………… (29)
（一）调研目的及形式 ………………………………………………… (29)

（二）调查问卷设计 …………………………………… (30)
（三）调查问卷实施 …………………………………… (33)
（四）调查问卷分析 …………………………………… (33)
二、农户农用化学品投入行为研究 ………………………… (33)
（一）农户基本特征 …………………………………… (34)
（二）家庭资源特征 …………………………………… (36)
（三）农用化学品使用行为特征 ………………………… (38)
（四）农户环境认知特征 ……………………………… (43)
（五）农用化学品投入影响因素 ………………………… (44)
三、农户清洁生产技术采纳意愿及影响因素研究 ………… (46)
（一）农户清洁生产技术采纳意愿 ……………………… (46)
（二）农户清洁生产技术采纳意愿影响因素 …………… (46)
四、小结 …………………………………………………… (52)
第五章　国际种植业农用化学品投入减量增效经验与借鉴 ………… (54)
一、化肥减施增效技术与管控措施 ………………………… (54)
（一）化肥减施增效技术进展 …………………………… (54)
（二）促进化肥减施增效的管控措施 …………………… (62)
（三）对我国的启示 …………………………………… (75)
二、农药减施增效技术与管控措施 ………………………… (77)
（一）农药减施增效技术进展 …………………………… (77)
（二）促进农药减施增效的管控措施 …………………… (80)
（三）对我国的启示 …………………………………… (90)
三、农用薄膜减量优化技术与管控措施 …………………… (91)
（一）农用薄膜减量优化使用技术进展 ………………… (91)
（二）促进农用薄膜减量优化使用的管控措施 ………… (95)
（三）对我国的启示 …………………………………… (102)

第六章　京津冀种植业农用化学品减量增效路径与污染防控对策 ……（104）
一、种植业农用化学品减量增效路径 ……（104）
（一）以政策法律推动农用化学品减量使用 ……（105）
（二）抓农民主体激励农用化学品减量使用 ……（106）
（三）建规模种植带动农用化学品减量使用 ……（106）
（四）强教育培训促进农用化学品减量使用 ……（106）
（五）依社会服务助推农用化学品减量使用 ……（107）
二、化肥污染防控对策与建议 ……（108）
（一）政策保障 ……（108）
（二）技术措施 ……（109）
三、农药污染防控对策与建议 ……（111）
（一）政策保障 ……（111）
（二）技术措施 ……（113）
四、农膜污染防控对策与建议 ……（114）
（一）政策保障 ……（114）
（二）技术措施 ……（115）
五、种植业源污染综合防控对策与建议 ……（117）
（一）加强法制保障，制定综合性种植业源污染防治法 ……（117）
（二）坚持政府主导，构建完善扶持与监管政策体系 ……（118）
（三）完善市场机制，促进实施农业清洁生产技术 ……（119）
（四）培育新型主体，引导农业生产方式绿色转型 ……（119）
（五）注重因地制宜，建立种植业源污染防控管理框架 ……（120）
（六）加强科技创新，提高农用化学品使用效能 ……（121）
（七）巩固技术培训，推动技术普及示范与推广 ……（121）
参考文献 ……（123）

第一章　绪论

一、研究背景

化肥作为一种重要的营养物质来源，在保障作物产量和土壤肥力方面具有不可替代的重要作用。农药是不可或缺的农业生产资料，对防病治虫、促进粮食稳产高产至关重要。同时，使用农膜覆盖农田，能够提高地温，保持土壤湿度，促进种子发芽和幼苗快速增长，并具有抑制杂草的作用。种植业生产中化肥、农药、农用薄膜（简称农膜）的应用较为普遍。然而，它们在保障我国粮食安全、发挥积极作用的同时，由于不合理的投入和不科学的管理，也会对耕地产出能力和农产品质量安全造成威胁，还可能会带来一系列环境问题，成为农业面源污染的主要来源，导致地表水和地下水环境污染，是我国面临的重大环境问题之一。

京津冀协同发展是国家重大战略。京津冀在我国农业生产中具有重要地位，以全国2.3%的国土面积，承载了全国8%的人口，贡献了全国10%的国内生产总值。京津冀具有良好的自然和农业生产条件，耕地面积达721.8万 hm^2，尤其是该地区农业复种指数高，产出强度大，农户在化肥、农药、农膜等农用化学品使用中普遍存在盲目或过量行为，导致消耗量居高不下，种植业环境负荷较高，对大气、土壤、水环境及农产品质量和人体健康等造成潜在威胁。农用化学品投入如何减量增效、种植业源环境污染如何治理与防控已经成为社会关注和亟须解决的重要难题，受到政府和科技工作者的高度重视。

随着京津冀农业协同发展不断加快，农业的规模化、集约化、现代化种植越来越普遍。因此要高度重视农用化学品的投入，提高资源利用效率，加强农业源环境污染防控，尤其是种植业源环境污染防控，以促进农业高产、高效和高质。

二、国内外研究进展

目前已有多位学者开展了种植业农用化学品投入以及环境污染现状调研，提出了有价值的减量增效建议与污染防控对策。在种植业现状调研方面，相关研究人员开展了不同省份或市（县）级尺度种植业化肥、农药、农膜等农用化学投入品使用量调研，分析了不同地区的种植业源环境污染情况，核算了种植业产生的环境污染负荷，分析了种植业源环境污染存在的主要问题，并定性地提出了一些防控对策与建议。王惠明等（2017）基于江西省的农业面源污染普查数据，比较了不同流域种植业的氮磷化肥用量和面源污染情况，提出赣江流域是江西省种植业面源污染防治和化肥减施行动的关键治理流域。浦碧雯（2013）对山东省农业源、畜禽养殖和水产养殖行业污染状况进行了调查与剖析，综述了农业面源污染的主要来源及污染现状，分析了农业面源污染所带来的危害，提出了防治农业面源污染的措施与建议。王兰蕙等（2016）采用综合调查法对湖北省 17 个市（州）2007 年农业面源污染情况进行调查，并采用等标污染负荷法进行评价与源解析，提出湖北省 17 个市（州）的种植业源防控的主要污染物是总氮和总磷，确定了防控的重点区域。宋兵（2014）调查分析了合肥市化肥、农药、农膜和农作物秸秆等主要种植业面源污染源及防治现状，指出了存在的问题。张世昙（2019）分析了肥东县种植业面源污染现状，介绍了种植业农业面源污染的主要治理对策，并对进一步加大农业面源污染治理提出了建议。王家等（2014）采用清单分析法和等标负荷法研究了湖北省兴山县香溪河流域农业面源污染现状，为综合防控兴山县农业面源污染提供数据支撑。

在种植业源污染影响因素研究方面，尚杰等（2019）发现农村经济增长与农业面源污染之间存在空间自相关性；郑田甜等（2019）研究了星云湖流域种植业面源污染的驱动力，他们以种植业化肥流失量最低为目标，以种植面积、粮食需求、经济状况等为约束，构建线性规划模型，提出了基于种植业面源污染控制的星云湖流域种植业结构优化的建议。张海涛等（2016）基于公共政策外部性理论，选择政策评估的侧面影响模型作为农业政策环境评价的基本模型；采用多元线性回归分析方法识别我国不同区域种植业面源污染的农业政策影响因素，研究现有农业政策如何通过调整单位面积化肥施用量而对种植业面源污染产生影响。姜玲玲等（2019）利用 1994—2016 年 26 个省份的面板数据，科学剖析了种植业结构调整，特别是蔬菜、水果面积增加同化肥施用强度增长之间的关系。

在种植业源污染与农户农用化学品投入行为相关性研究方面，尹晓宇（2016）和陈黎等（2017）基于实地调研数据以及农户行为理论，分别分析了河南省以及江苏省徐州市影响农户化肥施用强度和施肥行为的影响因素；高晶晶等（2019a，2019b）基于 1995—2016 年全国农村固定观察点数据，研究了我国化肥、农药高用量与小农户个体特征、施肥施药行为的关系。赵建英（2019）将农户化肥、农药施用行为的核心环节作为替代性变量，研究了耕地生态保护激励政策对农户行为的影响。

从以上研究进展中可以看出，当前对于种植业农用化学品投入及环境污染的研究多是选择一个区、县或省域尺度，从定性角度开展调研，摸清不同区域的农用化学品投入情况，分析种植业源环境污染的影响因素，通过调研分析农户农用化学品投入行为，从政策手段、生态补偿、循环经济、农户生产行为、农资补贴等角度，提出种植业源环境污染的防控对策与建议。然而，当前针对京津冀种植业农用化学品投入及环境污染与防控对策的研究较少。

三、研究意义

笔者在前期有关土壤污染、肥料行业发展及农业清洁生产技术相关研究中发现，种植业生产过程中农用化学品投入过量及不合理使用现状较为普遍，是导致种植业源环境污染的主要原因。农用化学品是农业生产必需品，农户是农用化学品的直接购买者和使用者，农户行为对于种植业源环境污染有着重要影响（高晶晶等，2019a）。京津冀种植业是其农业生产的重要组成部分，对于保障国家粮食安全和生态环境安全具有重要意义。为有效缓解京津冀种植业源污染，亟须摸清京津冀农用化学品投入的变化特征，了解农户农用化学品使用行为，提出农用化学品减量增效路径与污染防控对策，是京津冀农业环境污染防控亟须解决的重要问题。

因此，在前期调研基础上，本研究拟从宏观层面分析 2010 年以来北京、天津和河北化肥、农药、农膜等农用化学投入品的使用量、变化规律、施肥强度、施药强度、用膜强度等特征；基于农户视角，从微观层面摸清农户对种植业源环境污染的认知与意识，农户化肥、农药、农膜使用行为，以及农业清洁生产技术采纳行为与持久采纳意愿，进一步探究京津冀种植业源环境污染形成的原因。同时，借鉴国际种植业农用化学品减量增效与环境污染防控经验，提出京津冀种植业农用化学品减量增效路径与污染防控对策，为减少京津冀种植业源污染排放、推动京津冀农业环境协同发展提供理论支撑。

第二章　研究区概况与研究方法

一、研究区概况

京津冀地处华北平原，位于113°27′E～119°50′E，36°05′N～42°40′N，是我国重要粮棉产区和集约化蔬菜种植区，也是城郊型农业集中分布区。京津冀土地面积为2 160万hm^2，约占国土面积的2.3%，人口达1.1亿；区域内分布的海河、滦河两大河流水系，是居民生活和农业生产的主要水源；区域土壤类型以棕壤、褐土、潮土、栗钙土为主，耕地面积为654万hm^2，约占区域总面积的30%。

京津冀包括北京、天津两个直辖市以及河北的保定、廊坊、唐山、秦皇岛、石家庄、张家口、承德、沧州、邯郸、邢台、衡水11个城市。该区域在我国社会经济发展中具有重要的战略地位。2015年4月30日中共中央政治局审议通过的《京津冀协同发展规划纲要》明确指出，京津冀是一个整体，京津冀协同发展不只是经济文化协同共进，大气污染治理、水环境保护、面源污染治理等生态环境问题也应协同治理、共同进步。近年来，由于化肥、农药、农膜过量施用，以及畜禽粪尿、生活污水、生活垃圾随意排放，该区域农业面源污染问题突出，已引起水体富营养化、农产品质量安全等问题，对区域大气、水体、土壤等生态环境和人体健康构成极大威胁。

二、研究方法

依据2011—2019年《中国农村统计年鉴》《北京统计年鉴》《河北统计年鉴》《天津统计年鉴》，收集整理了北京、天津、河北2010年以来的农作物播种面积、化肥、农药与农膜使用量等数据。本研究以基础数据分析为主，研究北京、天津和河北各类化肥、农药、农膜使用量和使用强度等的年际变化趋势，以及将京津冀作为整体，分析整个区域的农用化学品投入趋势。部分指标采用标准公式进行处理。

播种面积占比（%）=某一地区或全国某一种作物的播种面积/该地区或全国总播种面积×100　　(2-1)

化肥使用强度=化肥使用折纯总量/总播种面积　　(2-2)

农药使用强度=农药使用总量/总播种面积　　(2-3)

农膜使用强度=农膜使用总量/总播种面积　　(2-4)

农户作为农业生产的主体，其在农用化学品使用和农业面源污染防控中均起着至关重要的作用。本研究从种植业着手，选取一般散户、种植大户、合作社等典型农业生产经营主体，设计调查问卷，进行在线问卷和随机入户调查访谈，从微观层面阐释农户对种植业源环境污染的认知与意识，农户化肥、农药、农膜使用行为，以及农业清洁生产技术采纳行为与持久采纳意愿，剖析种植业源环境污染控制的微观主体行为，探究京津冀种植业源环境污染形成的原因和应对措施。

共发放问卷500份，收集到合格问卷477份，回收率为95.4%。其中，北京回收问卷157份，天津回收问卷145份，河北回收问卷175份。主要从农户基本特征、家庭资源概况、农户投入行为、农户环境认知、投入影响因素与清洁生产技术采纳意愿等方面进行统计和分析。

第三章　京津冀农用化学品投入量研究

一、化肥施用量变化特征

（一）化肥施用总量特征

1. 北京化肥施用量变化特征

2010 年以来北京化肥施用情况和播种面积的变化如图 1 所示。从近 10 年的年际变化可以看出，化肥施用量和播种面积总体呈下降趋势。北京 2010 年的农作物播种面积为 31.73 万 hm^2，至 2018 年下降到 10.60 万 hm^2，8 年间减少了 21.13 万 hm^2，占 2010 年播种面积的 66.59%。化肥施用量（折纯量，下同）2010 年为 13.70 万 t，2011 年、2012 年基本持平，2013 年开始呈现下降趋势，2018 年降为 7.30 万 t，与 2012 年相比，减少了 6.40 万 t，年均减少 1.07 万 t，年均降低了 7.79%。

具体从肥料品种来看，氮肥（折纯量，下同）从 2010 年开始呈现逐年下降趋势，2011 年和 2012 年下降较为平缓，2013 年及以后则呈现快速下降趋势，由 2010 年的 6.90 万 t 下降至 2018 年的 3.02 万 t，减少了 3.88 万 t，占 2010 年氮肥用量的 56.29%，平均每年减少 0.49 万 t，年减少 7.04%。复合肥用量（折纯量，下同）在 2010—2012 年呈现少许增长趋势，2013 年开始也转为下降趋势，由 2012 年的 5.70 万 t 减少至 2018 年的 3.49 万 t，减少了 2.21 万 t，与 2012 年相比，下降了 38.77%，年均下降 0.37 万 t，年均减少 6.45%，至 2018 年与氮肥用量基本持平。磷肥和钾肥（折纯量，下同）用量整体偏少，分别由 2010 年的 0.90 万 t 和 0.70 万 t逐年减少为 0.40 万 t 和 0.39 万 t，分别减少了 55.56%和 44.29%。

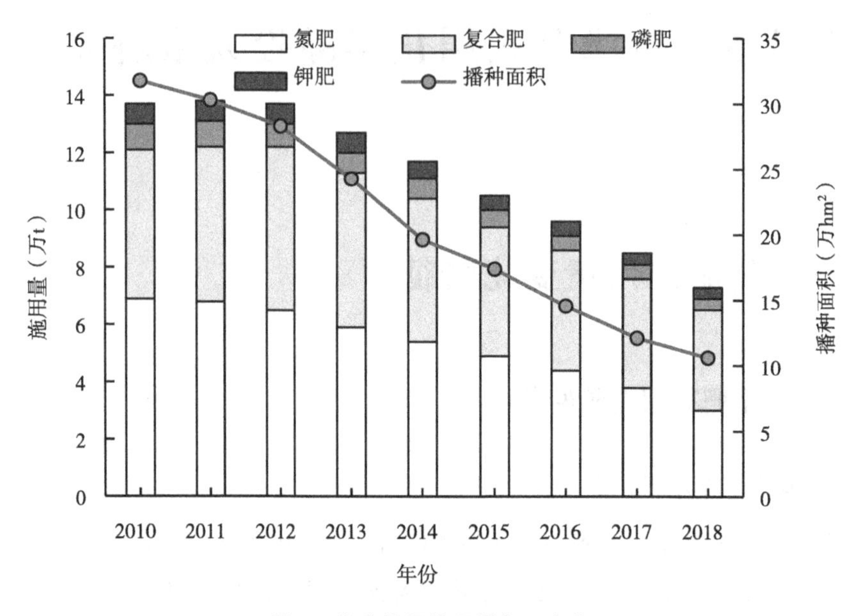

图 1　北京化肥施用量年际变化

2. 北京化肥施用构成特征

从化肥施用构成来看（图 2），北京氮肥用量占全市化肥总用量的比例由 2010 年的 50.36%下降到 2018 年的 41.32%，下降了 9.04 个百分点；磷肥占比分别由 2010 年的 6.57%下降为 2018 年的 5.48%，下降了 1.09 个百分点；钾肥占比保持在 4.71%～5.47%。磷肥和钾肥用量整体占比较小。复合肥的占比整体呈现上升趋势，由 2010 年的 37.96%上升至 2018 年的 47.92%，提高了 9.96 个百分点，超过了氮肥占比。

3. 天津化肥施用量变化特征

天津的农作物播种面积在 2016 年以前整体呈现少许上升或保持相对平稳状态（图 3），2017 年有了显著减少趋势，与 2016 年相比，减少了 3.97 万 hm^2，之后在 2018 年下降到 42.93 万 hm^2。化肥总的施用量整体也

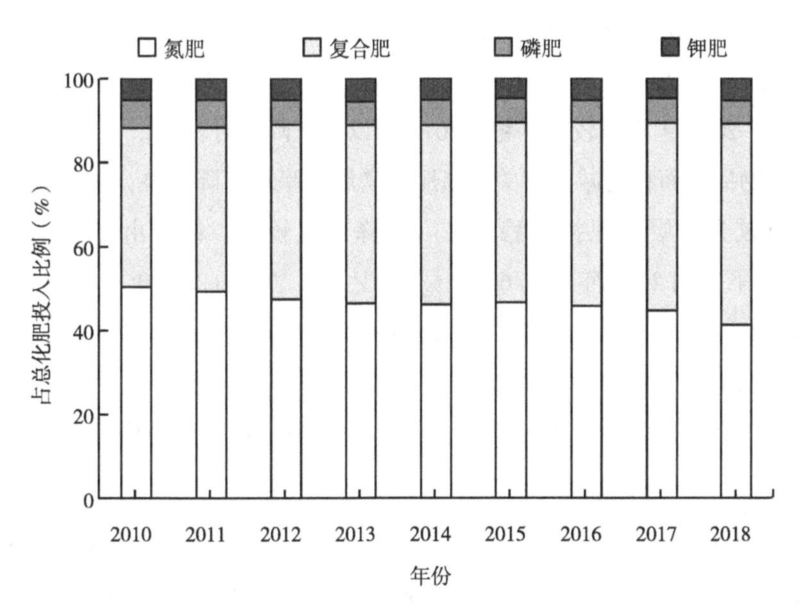

图 2　北京化肥施用构成年际变化

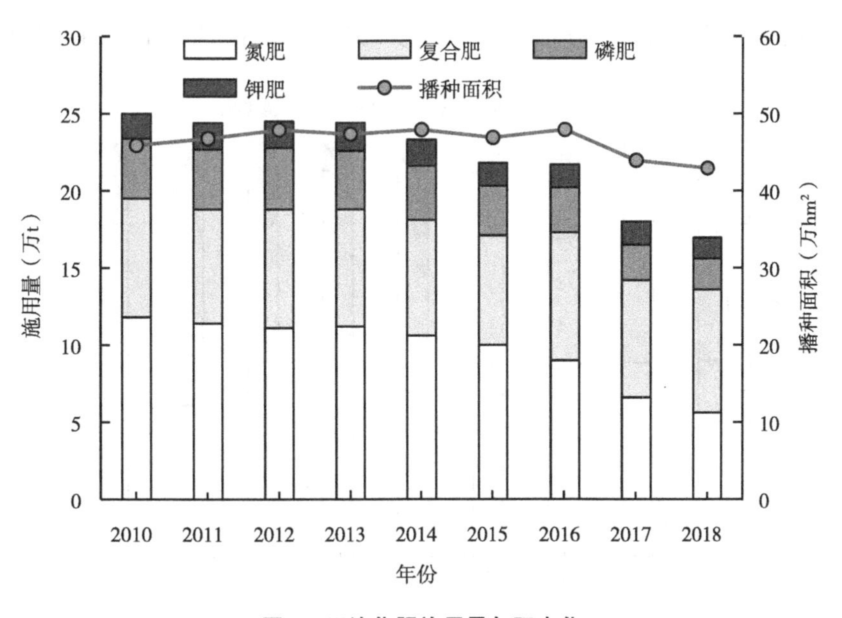

图 3　天津化肥施用量年际变化

呈现下降趋势，由2010年的25.50万t下降到2018年的16.95万t，减少了8.55万t，占2010年初始化肥用量的33.53%，年均减少1.07万t。其中，2011—2013年相对较为平稳，2013年以后下降相对较快，一定程度上也与农作物播种面积的减少有关。氮肥和磷肥也呈现下降趋势，在2013年以前下降较为平缓或保持平稳，之后下降速度较快。氮肥由2010年的11.80万t下降到2018年的5.63万t，减少了6.17万t，降低了52.29%；磷肥由2010年的3.90万t减少为2018年的2.30万t，减少了1.6万t，减少幅度为2010年用量的48.72%。钾肥保持相对平稳，为1.34万~1.80万t；复合肥表现也相对平稳，但近3年呈现一定上升趋势。

4. 天津化肥施用构成特征

天津2010—2015年氮肥用量占全市化肥总施用量的比例保持在45.31%~46.72%（图4），相对较为平稳，2016年以后转为下降，2016年、2017年和2018年分别下降了3.81个百分点、5.39个百分点和3.45个百分点。磷肥占比前3年稍有上升趋势，2013年以后逐年下降，由2012

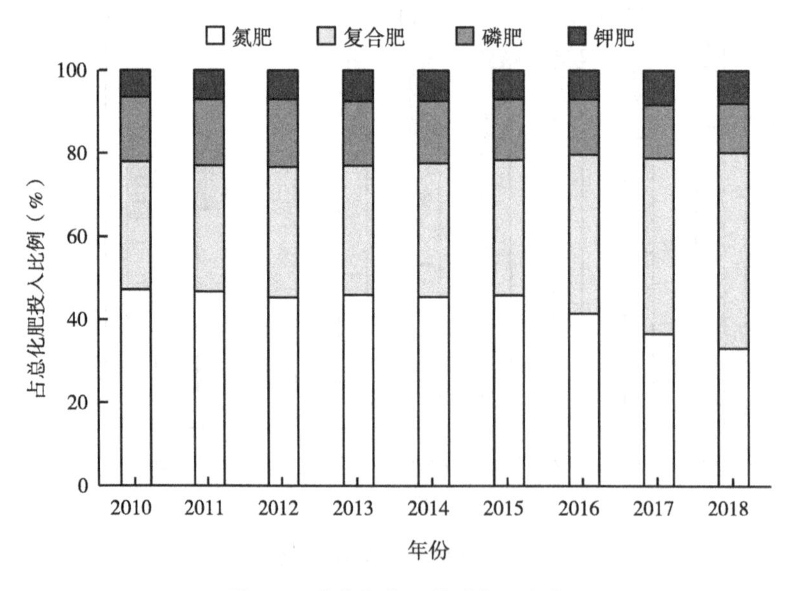

图4　天津化肥施用构成年际变化

年的16.33%下降至2018年的11.80%，下降了4.53个百分点。钾肥的占比由2010年的6.27%上升至2013年的7.41%，之后呈现波动稍有下降趋势，在2015年占比降为6.88%，之后转而上升，尤其是2017年的占比更为突出，达8.33%。复合肥占比呈现明显上升趋势，由2010年的30.20%上升至2018年的47.08%，提高了16.88个百分点，特别是2015年以后，出现快速上升趋势。

5. 河北化肥施用量变化特征

河北的农作物播种面积在2016年以前一直保持在870万hm^2以上，2017年转为下降，2018年与2016年相比减少了51.95万hm^2（图5）。化肥施用量在2015年以前呈现平稳略微上升趋势，2015年以后转为下降，2017年化肥施用量降至322.00万t，与2010年基本持平。2018年又降至312.40万t。氮肥整体呈现下降趋势，2015年以前下降较为平缓，之后速度稍有增加，2016年、2017年和2018年化肥用量分别比前一年减少2.90万t、

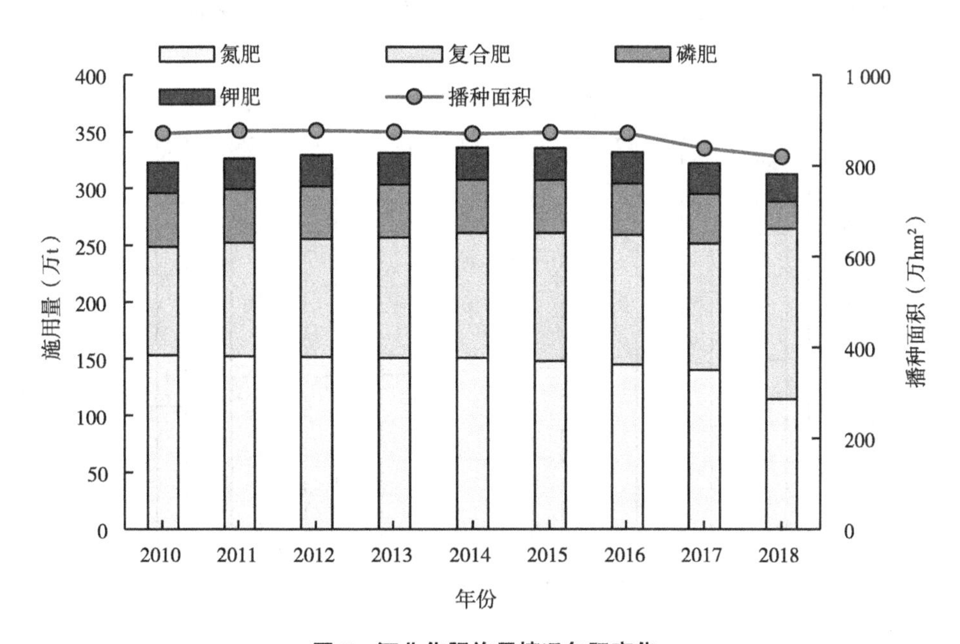

图5　河北化肥施用情况年际变化

4.70 万 t 和 25.83 万 t。磷肥用量也呈现下降趋势，由 2010 年的 47.30 万 t 下降至 2018 年的 23.94 万 t，约为 2010 年的 1/2。钾肥用量呈现先升高后降低趋势，由 2010 年的 26.80 万 t 上升至 2015 年的 28.10 万 t，近几年进入下调空间，2018 年降至 23.97 万 t。复合肥用量整体呈现上升趋势，由 2010 年的 95.60 万 t 上升至 2016 年的 113.90 万 t，2017 年降至 111.20 万 t，与 2016 年相比，减少了 2.70 万 t。2018 年增加至 150.02 万 t，这可能与单质肥施用量减少有关，农民越来越倾向于施用复合肥。

6. 河北化肥施用构成特征

河北施用的氮肥占全省化肥总施用量的比例均在 40%以上，但是呈现逐年下降趋势（图 6），由 2010 年的 47.41%下降至 2018 年的 36.64%，下降了 10.77 个百分点。2017 年以前磷肥占比整体呈现稍微下降趋势，由 14.65%下降至 13.57%，2018 年下降明显，降至 7.66%。钾肥占比在 8.26%~8.43%，基本保持平稳。复合肥呈现明显上升趋势，由 2010 年的 29.61%上升至 2018 年的 48.02%，表明河北复合肥的施用越来越普遍。

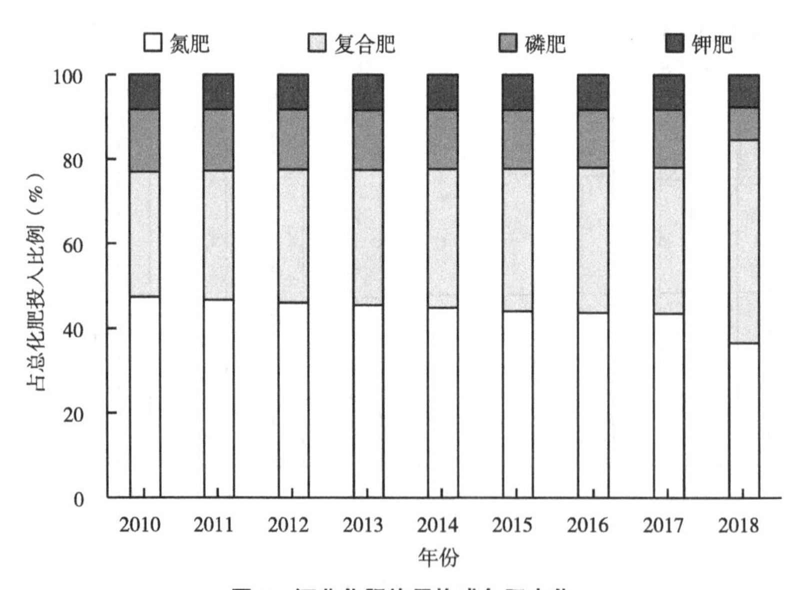

图 6　河北化肥施用构成年际变化

7. 京津冀化肥施用量变化特征

将京津冀作为一个整体来看，农作物播种面积在2010—2012年相对平稳（图7），保持在949.50万~954.40万hm^2，2013年以后逐渐下降，其中2013—2016年下降相对较为平缓，年均下降20.20万hm^2，2017年和2018年相比2016年减少播种面积更为明显，分别减少了39.92万hm^2和60.89万hm^2。化肥施用量在2014年以前呈现逐年上升趋势，2015年以后转为下降，2015—2018年各年的化肥施用量与上一年相比，分别减少了2.70万t、4.90万t、14.40万t及11.85万t。

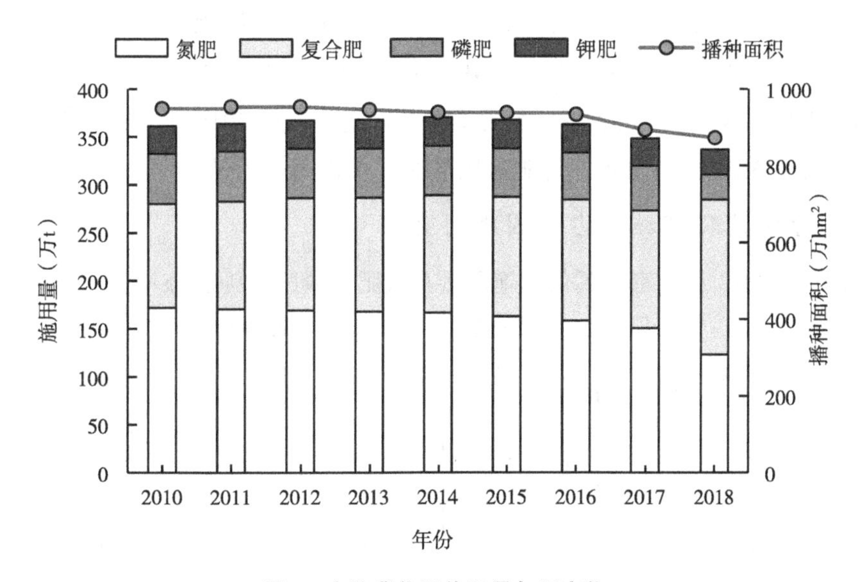

图7　京津冀化肥施用量年际变化

从肥料品种来看，京津冀氮肥用量整体呈下降趋势，从2010年的171.80万t下降至2018年的123.12万t，减少了48.68万t，减少量占2010年施用量的28.34%，年均减少6.09万t，平均每年减施了3.54%。磷肥用量一直呈现下降趋势，由2010年的52.10万t下降至2018年的26.34万t，并且下降幅度逐年增加。钾肥施用量由2010年的29.10万t上升至2013年的30.40万t，之后转为下降，至2018年减少为25.70万t。

复合肥整体呈现上升趋势，由 2010 年的 108.50 万 t 上升至 2016 年的 126.40 万 t，达到峰值，2017 年降低了 3.80 万 t。但由于河北复合肥施用量的增加，2018 年京津冀复合肥施用量增加至 161.50 万 t。

8. 京津冀化肥施用构成特征

2010—2017 年京津冀氮肥施用量占区域化肥总施用量的比例最高（图 8），保持在 40%以上，但是从 2010 年 47.45%下降至 2017 年的 43.24%，减少了 4.21 个百分点。特别是 2018 年，下降至 36.57%，比上年下降 6.67 个百分点，转为低于复合肥比重。复合肥用量占比逐年上升，由 2010 年的 29.96%上升至 2018 年的 47.97%。2010—2017 年磷肥和钾肥占比相对较为平稳，磷肥占比保持在 13.34%~14.39%，呈现缓慢下降趋势；钾肥占比保持在 8.04%~8.24%，呈现缓慢上升趋势。而 2018 年，磷肥占比明显下降了 5.52 个百分点，钾肥占比下降了 0.61 个百分点。

9. 京津冀化肥施用占全国比例变化

2010—2018 年，京津冀化肥施用量及氮肥、磷肥和钾肥施用量占全国

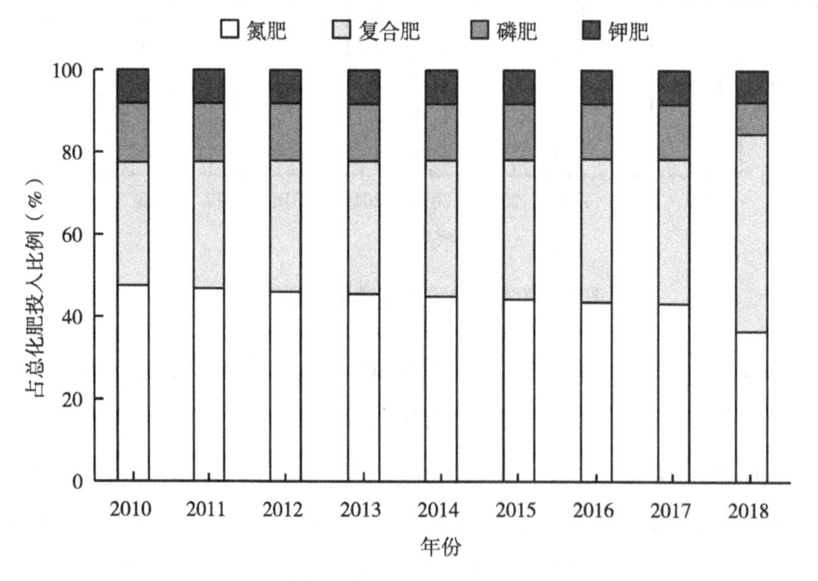

图 8　京津冀化肥施用构成年际变化

施用量的比例整体呈现平稳稍有下降趋势（图 9），化肥占比保持在 5.95%~6.51%，平均为 6.19%；氮肥占比在这 4 种肥料中最高，保持在 5.96%~7.30%，平均为 6.89%；磷肥和钾肥占比分别保持在 3.61%~6.47%和 4.35%~4.96%，无明显变化。复合肥占比保持在 5.52%~7.12%，平均为 5.95%。2018 年复合肥占比上升较快，其余肥料种类均呈下降趋势，磷肥占比下降最为突出。

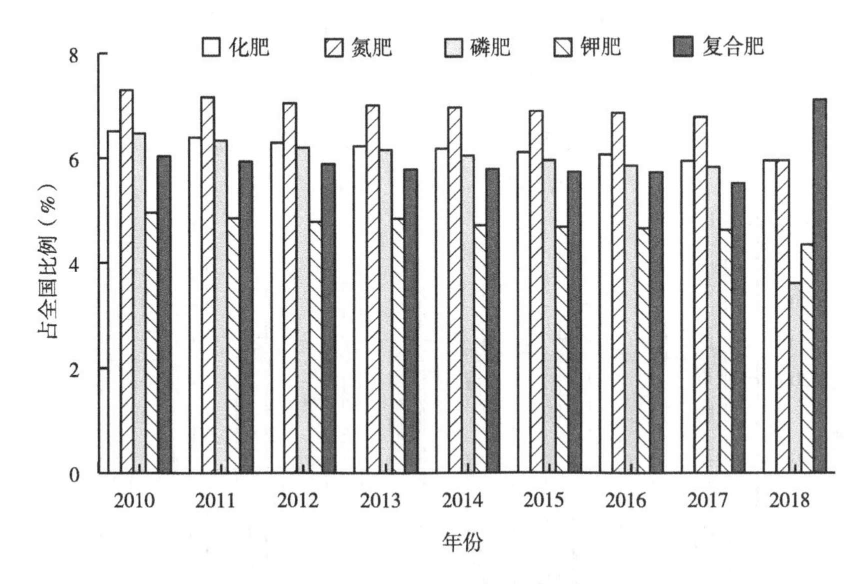

图 9　京津冀化肥施用占全国化肥施用量比例变化

（二）化肥施用强度特征

1. 京津冀化肥施用强度分析

化肥施用强度为单位播种面积上的化肥施用折纯量，表征着单位面积土壤化肥用量的高低（图 10）。2010 年以来全国化肥施用强度整体变化不大，保持在 318.01~336.10 kg/hm^2，均值为 329.98 kg/hm^2，峰值出现在 2014 年，之后有缓慢下降趋势。北京、天津的化肥施用强度明显高于全国均值，河北的化肥施用强度与全国均值接近。京津冀 2010 年以来的平均化肥施用强度为

339.72~363.73 kg/hm^2，均值为348.66 kg/hm^2，施用强度较高。

分区域来看，北京的化肥施用强度整体呈现上升趋势，由2010年的358.45 kg/hm^{2}上升至2017年的504.03 kg/hm^2，提高了40.61%，可能与北京种植结构中蔬菜和果园面积占比较大且施肥量较高有重要关系。2018年降至485.58 kg/hm^2，较2017年下降18.45 kg/hm^2。天津的化肥施用强度整体呈现明显下降趋势，由2010年的516.51 kg/hm^{2}下降至2018年的370.16 kg/hm^2，下降了28.33%。河北的化肥施用强度保持在330.07~360.11 kg/hm^2，整体变化较为平缓。

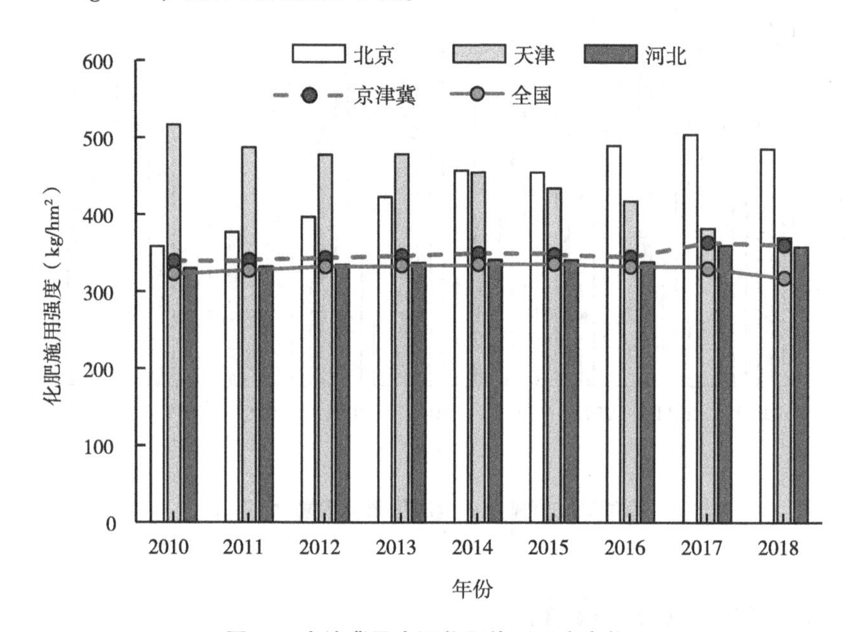

图10　京津冀及全国化肥施用强度变化

2. 京津冀氮肥施用强度分析

全国氮肥施用强度整体呈现下降趋势，施肥强度保持在116.18~136.77 kg/hm^2（图11）。北京、天津和河北的氮肥施用强度均高于全国均值。其中，北京的氮肥施用强度呈现上升趋势，由2010年的180.53 kg/hm^{2}上升至2017年的225.33 kg/hm^2，增长了24.82%。2018年则降至

197.19 kg/hm^2，较 2017 年下降 12.17%。天津的氮肥施用强度整体呈现下降趋势，由 2010 年的 239.01 kg/hm^2 下降至 2018 年的 122.95 kg/hm^2，下降了 51.44%，尤其是 2015 年以后下降速度更快，到 2018 年接近全国平均水平。河北的氮肥施用强度变化较为平缓，保持在 131.17～156.91 kg/hm^2，2018 年有所下降。京津冀总体的氮肥施用强度略高于河北，保持在 131.86～161.18 kg/hm^2，呈现小幅下降趋势。

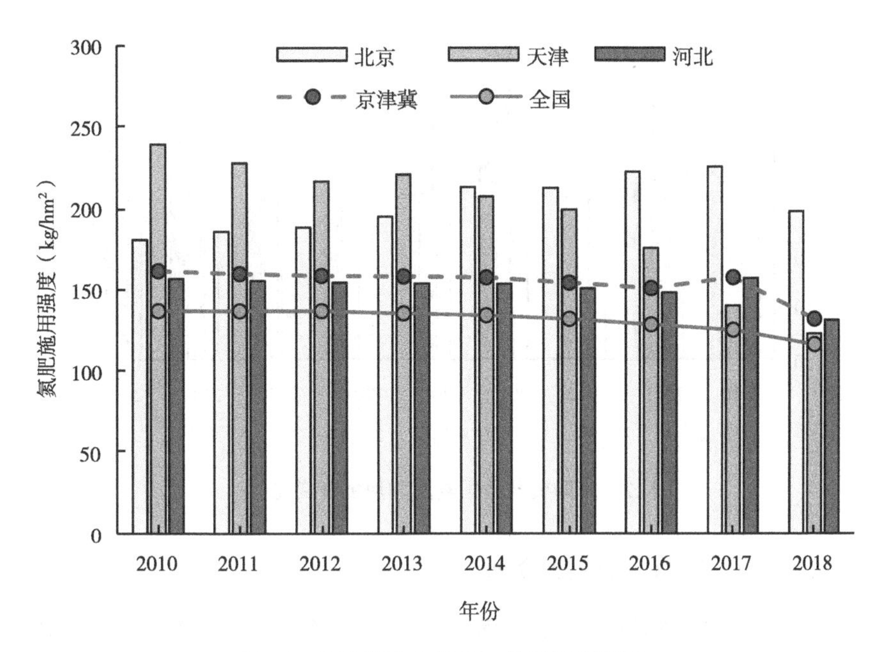

图 11　京津冀及全国氮肥施用强度变化

3. 京津冀磷肥施用强度分析

京津冀磷肥施用强度与化肥、氮肥的表现大有不同（图 12）。从结果可以看出，全国的磷肥施用强度保持在 41.00～47.34 kg/hm^2，变化较为平稳。北京的磷肥施用强度低于全国平均水平，为 23.13～29.65 kg/hm^2，约为全国平均水平的 1/2。天津的磷肥施用水平最高，且高于全国平均施磷强度，由 2010 年的 79.00 kg/hm^2 下降至 2018 年的 43.68 kg/hm^2，下降了 44.71%，尤其是 2012 年以后下降速度较快，至 2017 年接近全国平均施磷强度水平。河北的磷肥施用强度保持在27.43~48.87 kg/hm^2，与全国平均施磷强度相当，也与京津冀的总体施磷强度接近。

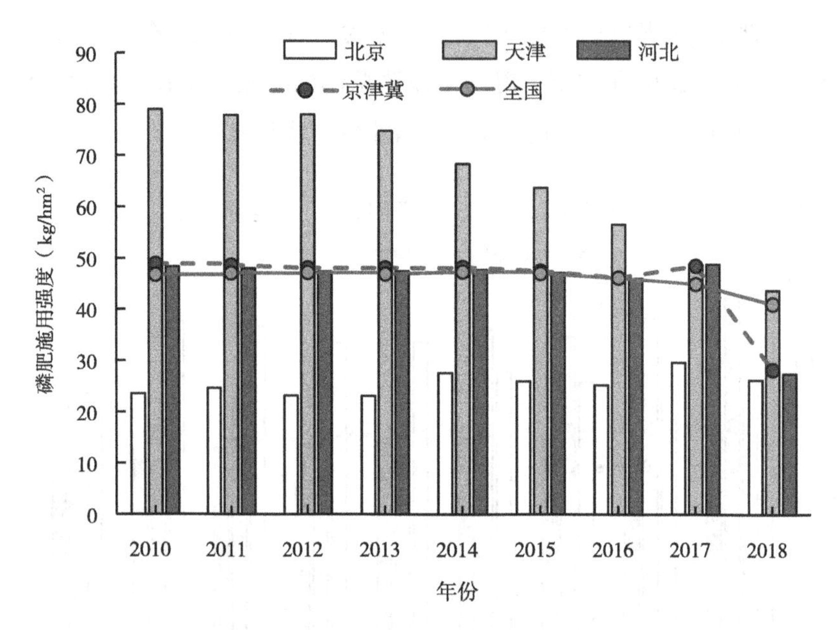

图12　京津冀及全国磷肥施用强度变化

4. 京津冀钾肥施用强度分析

京津冀钾肥施用强度均低于全国平均水平（图13）。具体来看，2010年以来全国平均施钾强度为34.97 kg/hm^2，保持在33.20~35.95 kg/hm^2。分省市来看，北京、天津、河北各地区的施钾强度低于全国平均水平。其中北京的施钾强度为18.32~25.31 kg/hm^2，呈现一定的上升趋势，近两年波动趋势明显。天津农田施钾强度相对较高，为29.25~35.45 kg/hm^2，2013年以前稍有上升趋势，2016—2018年略有波动，但是仍然低于全国平均施钾强度。河北农田的施钾强度低于天津，高于北京，保持在27.40~29.97 kg/hm^2，呈现略微增长趋势。京津冀的总体施钾强度与河北施钾强度接近。

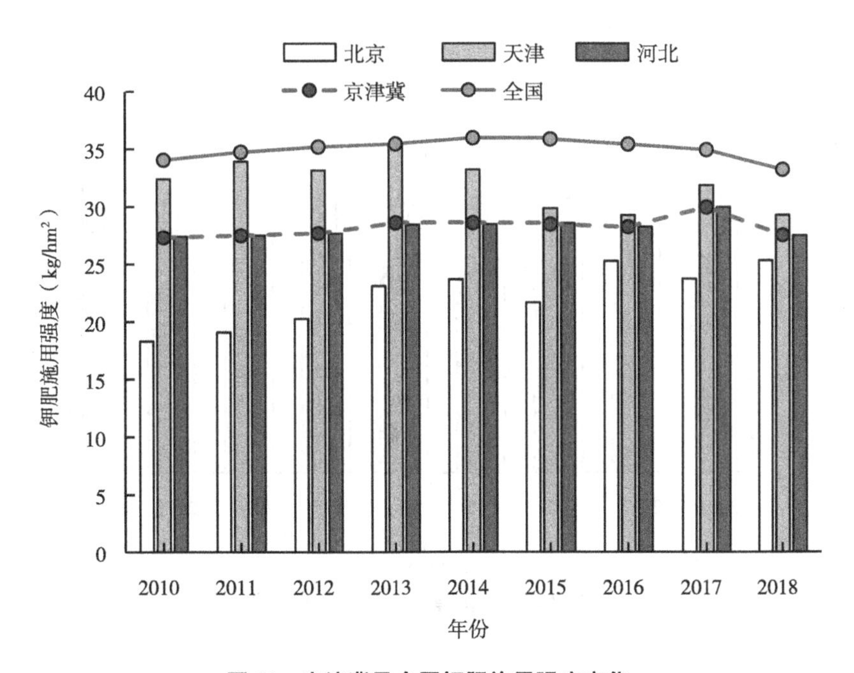

图 13　京津冀及全国钾肥施用强度变化

5. 京津冀复合肥施用强度分析

2010 年以来北京农田复合肥施用强度呈现快速上升趋势（图 14），由 2010 年的 136.05 kg/hm^2 上升至 2018 年的 229.52 kg/hm^2，增长了 93.47 kg/hm^2（68.70%），在北京、天津、河北三地中上涨趋势表现突出。天津农田复合肥施用强度由 2010 年的 155.97 kg/hm^2 缓慢下降至 2015 年的141.35 kg/hm^2，2016 年转而上升，2018 年达 174.27 kg/hm^2。河北农田复合肥施用强度由 2010 年的 97.72 kg/hm^2 上升至 2018 年的 171.91 kg/hm^2，提高了 74.19 kg/hm^2，增长率为 75.91%。全国复合肥施用强度保持在 104.43～127.26 kg/hm^2，呈现缓慢稳定上升趋势。其中，北京和天津的复合肥施用强度高于全国平均水平，河北的复合肥施用强度略低于全国平均水平。京津冀的总体复合肥施用水平接近全国平均水平。

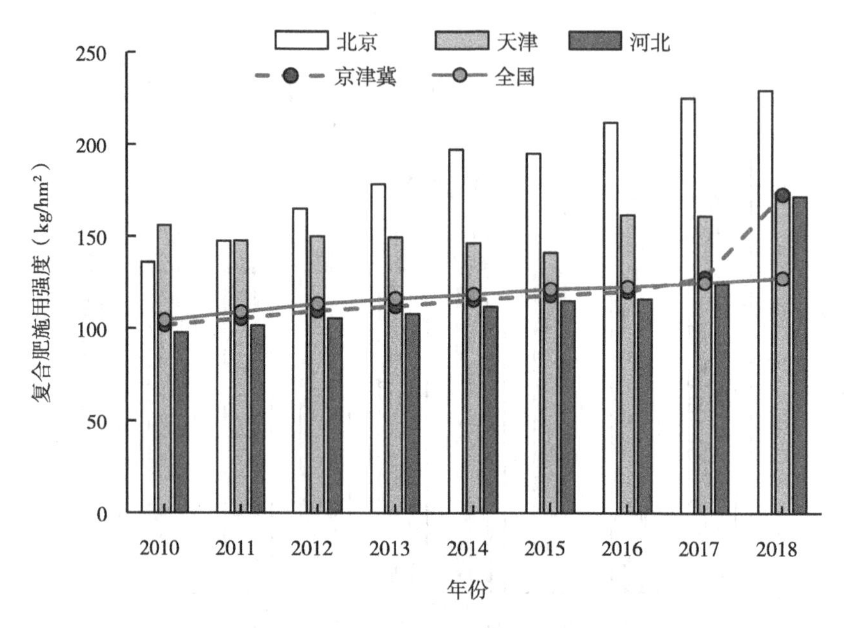

图 14　京津冀及全国复合肥施用强度变化

二、农药使用量变化特征

（一）农药使用总量特征

从统计数据可以看出，北京、天津两地的农药使用量基本相当（图 15），保持在 2 190~3 972 t，并且年际间均呈现一定的下降趋势。河北的农药用量 2010 年为 8.46 万 t，2011—2013 年稍有上升趋势，达 8.67 万 t，之后缓慢下降，到 2018 年降至 6.15 万 t。由于北京、天津两地的农药使用量占比较小，京津冀总的农药使用量变化与河北基本相同，由 2010 年的 9.23 万 t 逐渐下降至 2018 年的 6.62 万 t，平均占全国农药总使用量的 5.04%，并且占比也呈下降趋势，表明京津冀农药用量对全国总用量的贡献正在逐年降低。

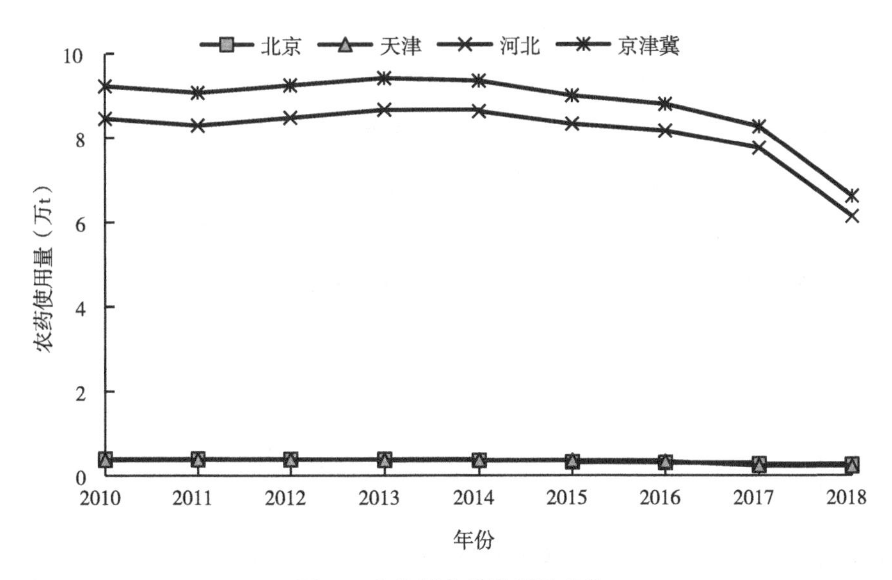

图 15　京津冀农药使用量变化

（二）农药使用强度特征

2010 年以来北京的农药使用强度逐年上升（图 16），由 2010 年的 10.39 kg/hm^2 上升至 2018 年的 16.89 kg/hm^2，增加了 6.50 kg/hm^2，用量提高了 62.56%。天津农药使用强度在北京、天津、河北三地中相对最低，为 4.78~7.58 kg/hm^2，呈现逐年减少趋势，近 3 年下降幅度较大。河北的农药使用强度保持在 7.04~8.84 kg/hm^2，相对较为平稳。京津冀平均农药使用强度基本与河北农药使用强度相当。全国农药使用强度呈现逐年下降趋势，由 2012 年的峰值 10.29 kg/hm^2 下降至 2018 年的 8.46 kg/hm^2，下降了 17.78%。与全国农药使用强度相比，北京的农药使用强度远远高于全国均值，并且两者差值仍在增加。河北和天津的农药使用强度低于全国平均水平。

以发达国家单位耕地面积平均使用量 7 kg/hm^2 为评价依据（魏欣，2014），按照＜7 kg/hm^2、7~14 kg/hm^2、14~21 kg/hm^2、21~28 kg/hm^2、

≥28 kg/hm²，把农药使用强度划分为安全、低风险、中风险、高风险和严重风险5个等级。按照此划分标准，天津农药使用强度相对偏低，2010—2015年农药使用强度为低风险，2016年以后降到安全水平。河北、京津冀以及全国平均农药使用强度一直处于低风险水平。北京农药使用强度在2010—2013年、2015年处于低风险水平，2014年、2016—2018年均处于中风险水平，并有上升趋势。北京农药使用强度需引起足够重视。

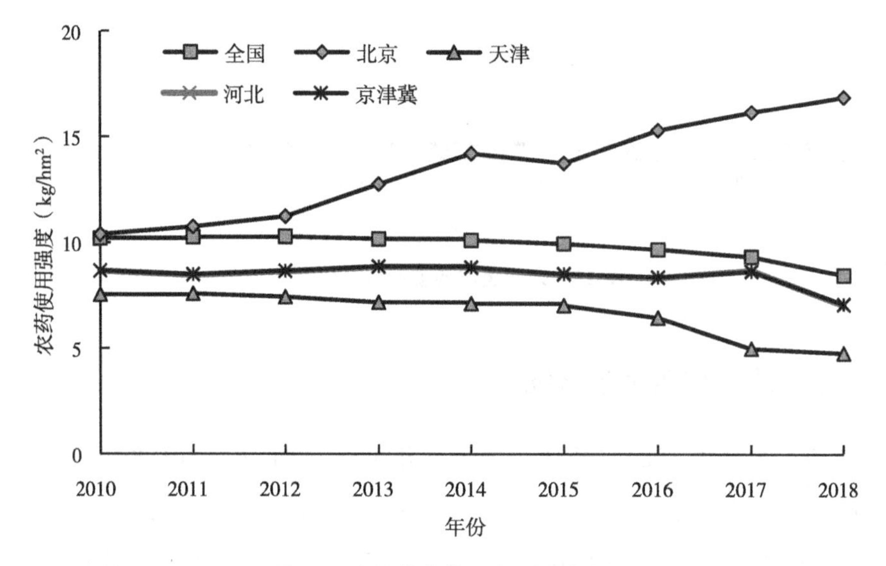

图16　京津冀农药使用强度变化

三、农用薄膜使用量变化特征

（一）农用薄膜使用总量特征

1. 农用薄膜使用总量变化

北京的农膜使用量由2010年的13 539 t逐年减少至2018年的8 243 t，减少了5 296 t，与2010年相比降低了39.12%，平均每年减少662 t（图

17）。天津农用薄膜使用量由 2010 年的 12 009 t逐渐降低至 2018 年的 9 070 t，减少了 2 939 t，降低了 24.47%。河北的农膜使用量在 2016 年以前呈现逐年增加的趋势，由 2010 年的 11.86 万 t 上升至 2016 年的 13.84 万 t，增加了 1.98 万 t，2017 年转而下降，到 2018 年降至 10.98 万 t，相比 2016 年减少了 2.86 万 t。京津冀农膜总用量的变化趋势呈现先升高后降低趋势，总用量由 2010 年的 14.42 万 t 上升至 2013 年的 16.13 万 t，之后呈现下降趋势，到 2018 年为 12.71 万 t，整体占全国农膜使用量的 5.16%~6.63%。

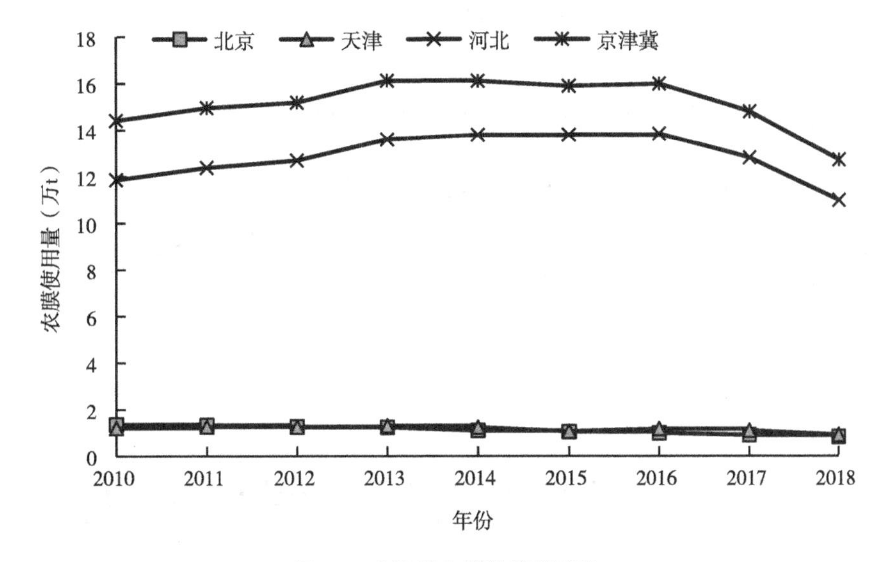

图 17　京津冀农膜使用量变化

2. 地膜使用量变化

2010 年以来，北京的地膜使用量由 4 344 t下降至 2018 年的 2 079 t，减少了 2 265 t，降低了 52.14%（图 18）。北京的地膜使用量占总农用薄膜使用量的比例由 2010 年的 32.09%下降至 2018 年的 25.22%。天津的地膜使用量由 2010 年的 5 730 t下降至 2018 年的 3 178 t，减少了 2 552 t，降低了 44.54%。天津的地膜使用量占总农膜使用量的比例由 2010 年的

47.71%下降至 2017 年的 34.39%。河北的地膜使用量由 2010 年的 6.40 万 t上升至 2012 年的 6.82 万 t，之后呈现逐年下降趋势，到 2018 年降为 5.30 万 t，与 2012 相比，减少了 1.52 万 t，降低了 22.29%。河北的地膜使用量占总农膜使用量的比例由 2010 年的 53.95%下降至 2017 年的 48.06%。京津冀的地膜使用量由 2010 年的 7.41 万 t 上升至 2012 年的 7.71 万 t，之后呈现下降趋势，到 2018 年降为 5.82 万 t，与 2012 年相比，减少了 1.89 万 t，降低了 24.51%。其中河北地膜使用量占 89.39%。京津冀地膜使用量占总农膜使用量的比例由 2010 年的 51.38%下降至 2018 年的 45.79%。从整体上来看，地膜用量占比呈现逐年下降趋势。

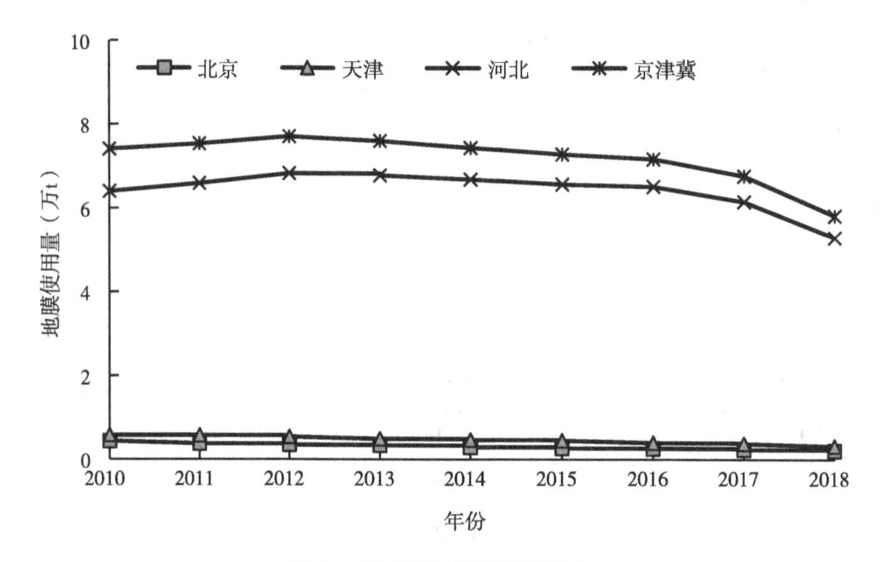

图 18　京津冀地膜使用量变化

（二）农用薄膜使用强度特征

本节主要以地膜为例来说明农膜使用强度特征。

1. 地膜覆盖面积变化

整体来看，京津冀的地膜覆盖面积由 2010 年的 117.30 万 hm^2 增加至

2012 年的 126.64 万 hm^2，之后呈现明显减少趋势，到 2018 年降至 86.95 万 hm^2，减少了 39.69 万 hm^2（图 19）。分省市来看，2010 年以来北京地膜覆盖面积由 2010 年的 2.12 万 hm^2 下降至 2018 年的 1.02 万 hm^2，减少了 1.10 万 hm^2，降低了 51.89%。天津地膜覆盖面积由 2010 年的 8.57 万 hm^2下降至 2018 年的 4.70 万 hm^2，降低了 3.87 万 hm^2。2010—2012 年河北地膜覆盖面积呈现增加趋势，之后逐年明显降低，到 2018 年降至 81.23 万 hm^2，与 2012 年峰值相比，减少了 34.68 万 hm^2，降低了 29.92%。可见，京津冀地膜覆盖面积主要来自河北地膜覆盖面积的贡献。

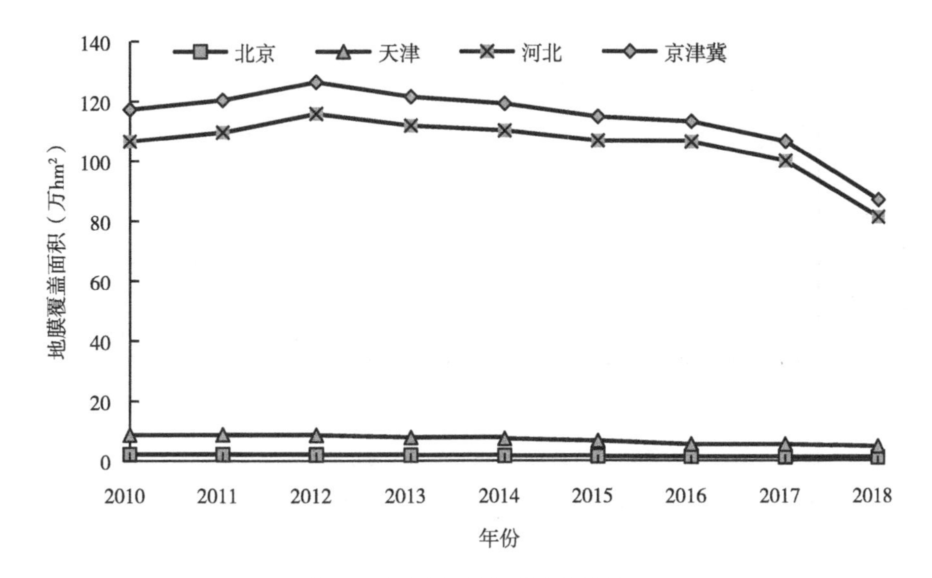

图 19　京津冀地膜覆盖面积变化

2. 地膜使用强度变化

地膜使用量与地膜覆盖面积的比例可以用来反映各地区地膜使用强度，即单位面积的地膜使用量。从结果可以看出（图 20），2010—2012 年每年北京农用地膜单位面积使用量由 204.74 kg/hm^2 下降至170.43 kg/hm^2，下降了 16.76%，下降趋势明显，之后呈现波动上升趋势，到 2018 年单位面积地膜使用量达 204.73 kg/hm^2，与 2010 年持平，与 2012 年相比，增长了

34.30 kg/hm²。这可能与北京的设施栽培面积较大有关，且与种植作物种类及其复种指数有关。以种植茄果类或瓜类蔬菜为主的地区其地膜用量较大，每年播种茄果类或瓜类蔬菜的季/茬数越多，其地膜用量也越大。

天津和河北的地膜每年使用强度分别为 62.91～73.35 kg/hm² 和 58.88～65.20 kg/hm²，2010 年以来整体用量变化不大。全国范围每年地膜的使用强度除 2011 年为 62.90 kg/hm² 外，其余年份基本在 75～80 kg/hm²。北京的地膜使用强度远远高于天津和河北，并且高于全国平均地膜使用强度。天津和河北的地膜使用强度低于全国平均水平。

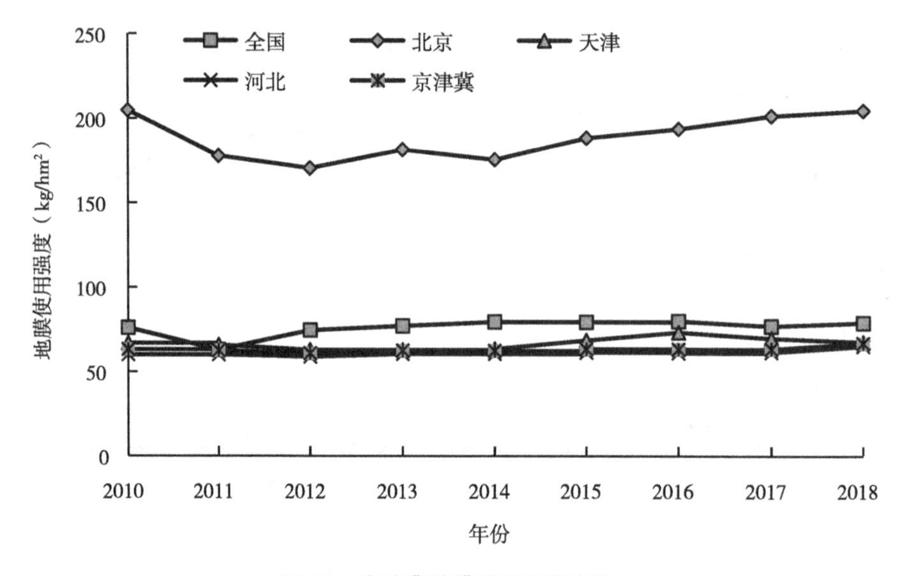

图 20　京津冀地膜使用强度变化

四、小结

京津冀是我国主要农业生产区。种植业中农用化学品投入对我国的粮食安全起到了积极的作用。然而，过量不合理投入还会带来一系列环境问题，成为农业面源污染的主要来源。为有效缓解农业面源污染，迫切需要了解农业化肥、农药、农膜投入的现状。为此，本章分析了2010—2018年北京、天津、河北及京津冀整体农用化学投入品使用总量及投入特征。

结果表明，2010—2018年京津冀的化肥施用量和播种面积总体呈下降趋势。2014年以前京津冀化肥施用总量逐年增加，之后转而下降，2018年降至336.65万t。氮肥和复合肥是主要的肥料品种。具体来看，2010—2018年氮、磷用量整体呈下降趋势，2013年以后钾用量转而下降，复合肥总体呈现上升趋势。2018年氮、磷、钾和复合肥施用量分别为123.12万t、26.34万t、25.70万t和161.50万t。

北京化肥施用强度由2010年的358.45 kg/hm^{2}提高至2017年的504.03 kg/hm^2，增幅为40.61%，这可能与北京蔬菜果园面积在种植结构中所占比例较高且施肥量偏大有关。2018年下降至485.58 kg/hm^2，下降了18.45 kg/hm^2。天津化肥施用强度呈明显下降趋势，从2010年的516.51 kg/hm^{2}下降至2018年的370.16 kg/hm^2，减少了28.33%。河北化肥施用强度维持在330.07~360.11 kg/hm^2，总体变化较为平缓。京津冀化肥整体施用强度为339.72~363.73 kg/hm^2，平均为348.66 kg/hm^2。北京、天津化肥施用强度明显高于全国平均水平，河北化肥施用强度接近全国平均水平，并且各地氮、磷、钾和复合肥的施用强度有其独特的特点。

北京、天津两地的农药使用量基本相当，保持在2 190~3 972 t，并且年际间均呈现一定的下降趋势。河北的农药使用量2010年为8.46万t，2011—2013年稍有上升趋势，达8.67万t，之后缓慢下降，到2018年为6.15万t。京津冀总的农药使用量变化与河北基本相同，由2010年的9.23万t逐渐下降至2018年的6.62万t，平均占全国农药总使用量的5.04%，并且占比也呈下降趋势。京津冀农药用量对全国总用量的贡献正在逐年降低。

2010年以来北京的农药使用强度逐年上升，由2010年的10.39 kg/hm^{2}上升至2017年的16.89 kg/hm^2，增加了6.50 kg/hm^2，提高了62.56%。天津农药使用强度在北京、天津、河北三地中相对最低，为

4.78~7.58 kg/hm²，呈现逐年减少趋势，近3年下降幅度较大。河北的农药使用强度保持在7.04~8.84 kg/hm²，相对较为平稳。京津冀平均农药使用强度基本与河北农药使用强度相当。

按照＜7 kg/hm²、7~14 kg/hm²、14~21 kg/hm²、21~28 kg/hm²、≥28 kg/hm²，把农药施用强度划分为安全、低风险、中风险、高风险和严重风险5个等级，天津农药使用强度相对偏低，2010—2015年农药使用强度为低风险，2016年以后降到安全水平。河北、京津冀以及全国平均农药使用强度一致，处于低风险水平。北京农药使用强度在2010—2013年、2015年处于低风险水平，2014年、2016—2018年均处于中风险水平，并有上升趋势。北京农药使用强度需引起足够重视。

2010年以来北京的地膜覆盖面积由2010年的2.12万hm²下降至2018年的1.02万hm²，减少了1.10万hm²，降低了51.89%。天津的地膜覆盖面积由2010年的8.57万hm²下降至2018年的4.70万hm²，降低了3.87万hm²。河北的地膜覆盖面积2010—2012年呈现增加趋势，之后明显逐年降低，到2018年降为81.23万hm²，与2012年峰值相比，减少了34.68万hm²，降低了29.92%。京津冀的地膜覆盖面积主要来自河北地膜覆盖面积的贡献。

天津和河北的地膜每年使用强度分别为62.91~73.35 kg/hm²和58.88~65.20 kg/hm²，2010年以来整体用量变化不大。北京的地膜使用强度远远高于天津和河北，并且高于全国平均地膜使用强度。天津和河北的地膜使用强度低于全国平均水平。

第四章　京津冀农户农用化学品投入行为与技术采纳意愿研究

农户作为农业生产的主体，其在农用化学品投入和农业面源污染防控中起着至关重要的作用。农户化学品投入行为即农户在进行农业（种植业）生产的过程中，为了保障农作物生长所必需的养分和病虫害防治，而对其施加化肥、农药、农膜的一种决策及实施行为。主要包括肥料、农药、农膜的种类，施肥用药的方式，使用的数量，经济的支出，采用的技术等一系列细分行为的选择。

本章从种植业着手，选取一般小农户、种植大户、农业合作社等典型农业生产经营主体，设计调查问卷，进行在线问卷和随机入户调研访谈，从微观层面阐释农户化肥、农药、农膜使用行为，了解农户对种植业源环境污染的认知与意识，摸清农业清洁生产技术采纳行为与持久采纳意愿，剖析种植业源环境污染控制的微观主体行为，探究京津冀种植业农用化学品减量增效路径与环境污染的防控措施。

一、调查问卷设计与实施

（一）调研目的及形式

目前种植业源污染主要来自化肥、农药以及农膜的不合理施用。基于研究目的以及研究内容，设计的问卷主要从种植业生产中农户对化肥、农药、农膜的使用行为，影响因素以及清洁生产技术采纳意愿等方面进行调查。

通过对农业相关部门以及研究区域内的入户访谈和在线问卷调查，了解化肥、农药、农膜使用情况以及种植业面源污染防控相关政策，摸清农户化肥、农药、农膜的使用行为及方式，分析农户采纳农业清洁生产技术的意愿及影响因素，提出改善农户农用化学品使用行为的对策，使基于农户农用化学品使用行为的种植业面源污染得到有效防控。

（二）调查问卷设计

借鉴已有研究，根据研究目的和样本特征，分别从农户个体基本特征、家庭资源特征、环境认知特征、农户经营特征和政府政策等方面阐明农户化肥、农药、农膜使用的影响因素及其作用机理，具体如下。

1. 农户个体基本特征变量

户主在家庭的具体行为选择中具有决策作用。个体基本特征主要包括年龄、学历、从事种植的年限以及身份类别（一般小农户、种植大户、农业合作社）等。一般而言，随着户主年龄的增长，其劳动能力会下降，且由于年龄的增长户主接受新的农业技术以及适应新的农业耕种环境的意愿和能力就会下降，这将影响农户对施肥、施药和用膜行为的选择。农户的文化程度直接影响着农户对新事物、农业政策的理解能力，从而影响农户的行为选择。从事农业生产年限较长的农户在进行农业活动时，会更加相信自己的经验。身份类别主要考虑到种植大户和农业合作社与一般小农户相比，接受新型技术或得到的技术培训和指导等环境因素相对较多，从而影响农用化学品使用的行为选择。

2. 农户家庭资源特征变量

农户家庭资源特征包括调查户主主要从事的工作类型、农户的家庭年收入、主要的经济来源、来自种植业的收入占家庭总收入的比例等问题。户主主要从事的工作类型包括专职从事农业、兼职从事农业和从事非农业工作。专职从事农业的人员可能更关注于种植技术，也可能存在为获得更高利润而大量使用农用化学品的现象。农户的家庭主要经济来源反映了农业收入对农户家庭经济状况的影响程度。以企事业固定工资来源为主、以农业收入为辅的农户在进行农业生产活动时所投入的时间以及劳动力较少，可能会通过增加农用化学品投入来节约时间以及劳动力成本。来自种植业的收入占家庭总收入的比例也可能对农用化学品使用产生影响，来自种植业的收入比例越高，农户可能更关注种植业的生产，包括技术的提高和成本、收益等，一定程度上影响着农用化学品的投入。农户地块是不是分散也影响着生产方式和资源投入。经营规模越大、耕地面积越大，越有利于农户的规模化经营，越有利于农户采用更加合理的生产方式，从而降低农户化学品投入。

3. 农户农用化学品投入具体行为

在了解农户地块面积的基础上，调查农户种植的作物信息，施用肥料种类，施肥方式，在化肥、农药和农膜上的经济投入情况，在施肥施药过程中是否知道应该施多少合理，用量确定的依据有没有得到相关技术部门的指导以及有没有肥料、农药包装物回收，残留农膜回收等，深入了解农户的农用化学品投入行为。

4. 农户环境认知特征

调查农户对化肥、农药、农膜使用量是否过量，是否带来污染，有无关注到已经存在的污染，污染的程度严重不严重，有无必要通过减少农用化学投入品用量来保护环境以及节约用量来保护环境的紧迫性如何等问题，深入研究农户对农用化学品的环境认知特征。农户对环境的变化认知能够使农户认识到环境的变化，农户对于农业面源污染以及农业可持续发展的不同认知，影响着农户的农用化学品使用行为的选择。

具体来说，能够对农业生态环境有所认知的农户在进行农业生产活动时相对于对农业生态环境没有认知的农户施肥、施药量较少。农户对污染治理参与程度的认知对于农业面源污染的有效防控具有参考价值，同时对于提高农户的环保意识具有重要意义。

5. 农户清洁生产技术使用意愿

调研农户有无使用过绿色防控技术，是否愿意科学合理地使用农用化学投入品，是否愿意接受技术部门的指导，是否愿意参与到化肥、农药、农膜减量增效的实践中，是否愿意农膜回收或使用可降解地膜等，来了解农户对种植业绿色生产技术的接纳程度与使用意愿，为进一步提出有针对性的建议提供支撑。

6. 农户农用化学品使用量变化的影响因素

主要从农户自身原因、农产品的价格、农用化学品的价格、家庭收入的高低、耕地灌溉条件、政府部门的宣传、技术部门的指导等方面，了解农户在化肥、农药、农膜使用方面的外在影响因素。

7. 农户经营组织特征

农户在经营耕地的过程中，确定施肥、施药量和选膜的方式是影响农业生态环境的主要因素，一般而言选择根据经验进行施肥、施药的农户用量较高。农户在化肥、农药施用已经过量的情况下仍然增加投入主要是为了寻求更高的产量和经济效益。长期以来，政府对农业科学技术的研究以及推广做了大量的工作，但农户对新技术以及新产品的采用比例仍然较低，农户采用新技术以及新产品的影响因素对于改善农户施肥、施药、用膜方式以及农业面源污染能否得到有效防控有着重要的影响。

8. 政策因素

从政府的宣传、国家的补贴政策、管理部门的培训、农户对国家农业政策的知悉程度等角度，分析国家政策导向是否影响农户化肥、农药、农膜的使用行为。农业技术培训是农业技术推广的重要途径，农户是否参加过农业技术培训并得到技术的指导对农户的农用化学品投入行为具有重要的影响。参加过农业技术培训的农户对于农用化学品的投入相对合理。农户对化肥的合理投入、病虫害的生物防治以及可降解地膜的采用对提升农用化学品利用效率和农业面源污染防控具有重要意义。但是这些措施使用后的效果需长时间后才能看到，短时间内可能未体现有效的经济效益和环境效益。因此，需要在政府的主导下进行推广，农户在采用这些措施过程中期望得到的补贴和补贴方式对于农业技术的推广具有重要影响。

（三）调查问卷实施

1. 初步调研

在正式调研之前，采用随机走访的形式进行预调研，核查问卷的适用性，检查问卷设计是否存在问题，是否完善并达到预期调研目的，增强问卷的科学性和调研结果的有效性。

2. 调查问卷补充与修改

根据预调研所反馈的信息对问卷进行修改与补充。

3. 正式调查

在线发布调查问卷，并对研究区域内典型农户进行入户调查和访谈。

4. 整理收集汇总问卷

将纸质问卷录入问卷系统，统一汇总、提取问卷数据。

（四）调查问卷分析

经过实地调研访谈和网络发放问卷，共发放问卷500份，收集到合格问卷477份，回收率为95.4%。其中，北京回收问卷157份，天津回收问卷145份，河北回收问卷175份，为从多角度对问卷开展分析奠定基础。

二、农户农用化学品投入行为研究

下面主要从农户基本特征、家庭资源概况、农户投入行为、农户环境认知、投入影响因素与清洁生产技术采纳意愿等方面进行描述性统计分析。

（一）农户基本特征

1. 年龄

参与调研的农户年龄主要分布在41~50岁以及51~60岁，分别占调研总数的30.60%和30.90%，能够代表广大农村从事农业种植生产的人员（图21）。

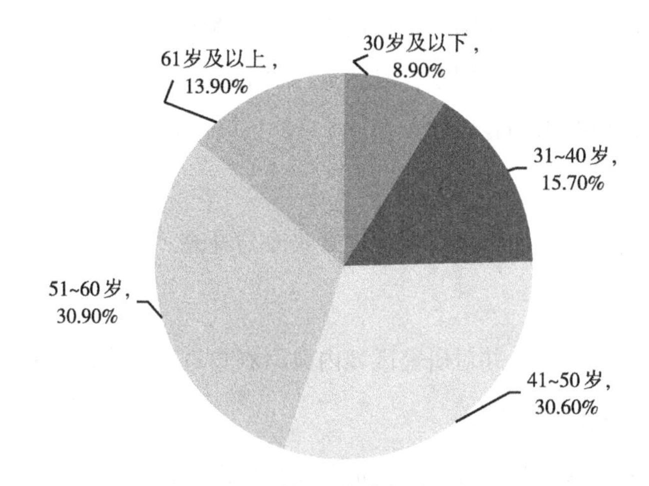

图21　受调研农户年龄分布

2. 学历信息

参与调研的农户学历主要是初中及以下，占总调研农户的46.30%；具有高中学历的农户占35.10%；具有大专或本科及以上的学历占18.60%（图22）。

3. 从事种植年限

参与调研的农户从事种植年限在11~20年、21~30年、31年及以上的农户分别占调研总数的23.70%、26.20%、19.70%，累计占69.60%，主要为长期从事农业生产的人员（图23）。

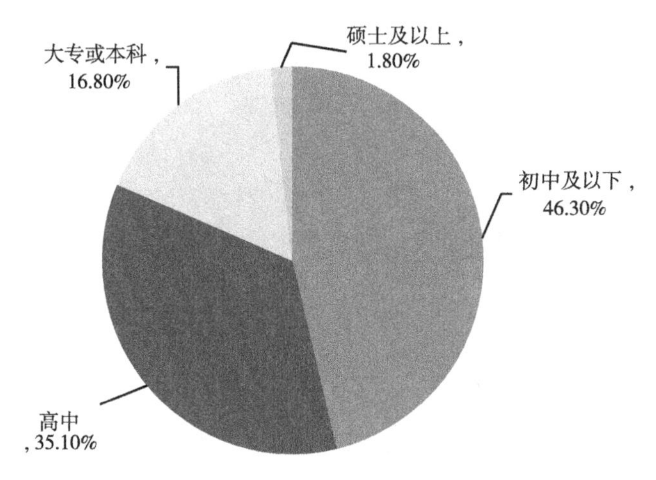

图 22　受调研农户学历信息分布

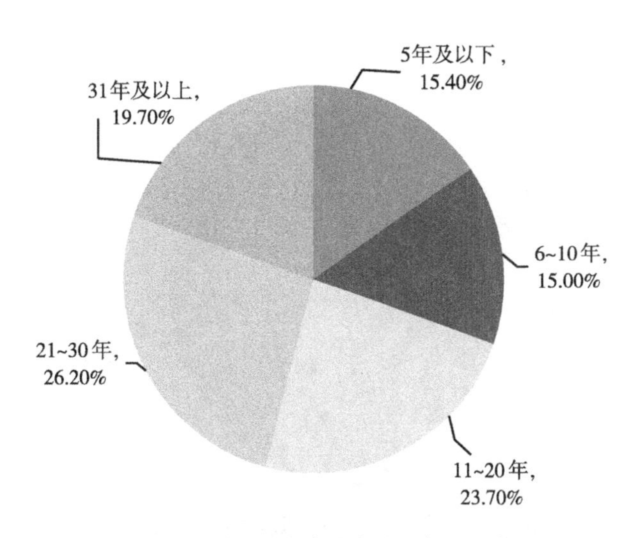

图 23　受调研农户从事种植年限分布

4. 身份类别

参与调研的农户中，一般小农户占 76. 10%，种植大户和农业合作社分别占 6. 30%和 6. 50%（图 24）。并且以专职从事农业为主，占 62. 90%；兼职从事农业的占 29. 10%，从事非农业工作的农户占 8. 00%（图 25）。

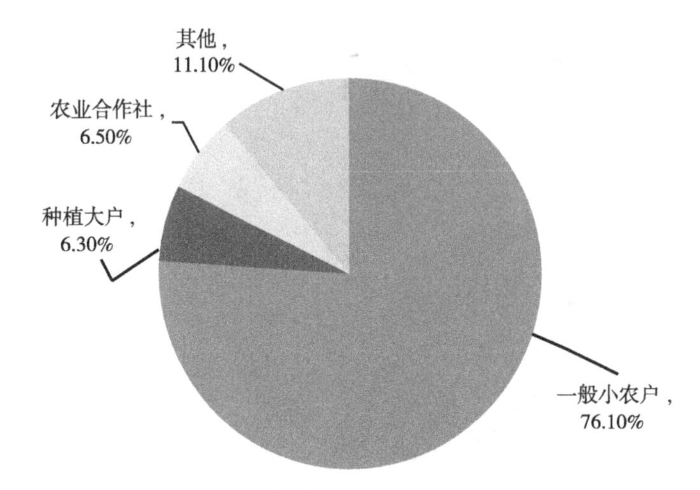

图 24　受调研农户身份类别分布

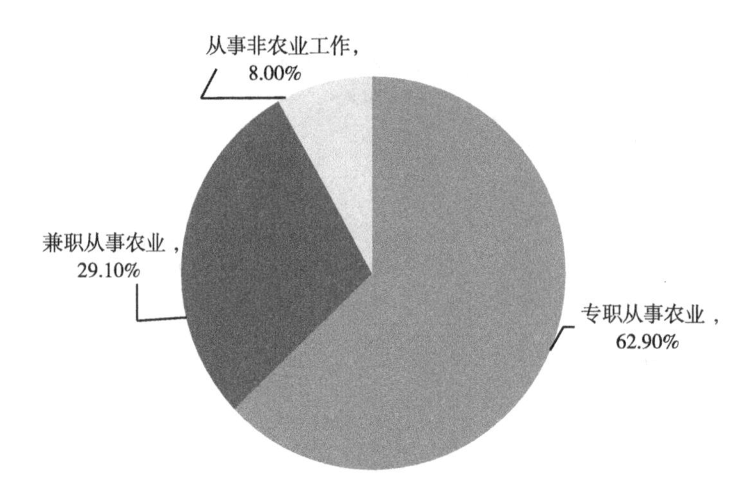

图 25　受调研农户专、兼职从事农业分布

（二）家庭资源特征

1. 经济收入与来源分布

参与调研的农户中，有 54.60%的农户年收入在 5 万元及以下，有 34.00%的农户收入在 5 万～10 万元，10 万元以上的农户占 11.40%

(图 26)。收入来源主要是种植业的农户占 76. 50%；以企事业固定工资为来源的农户占 18. 10%；以个体经营和养殖业为收入来源的农户分别占 12. 30%和 5. 10%。12. 00%的受调研农户有 2 种以上收入来源（图 27）。

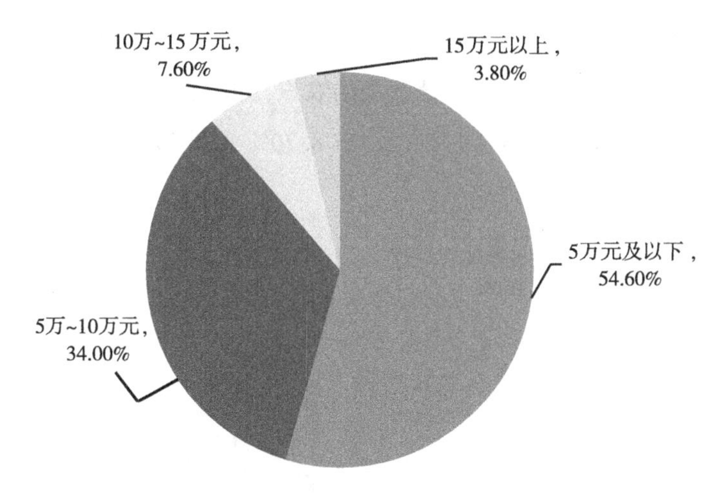

图 26　受调研农户年收入分布

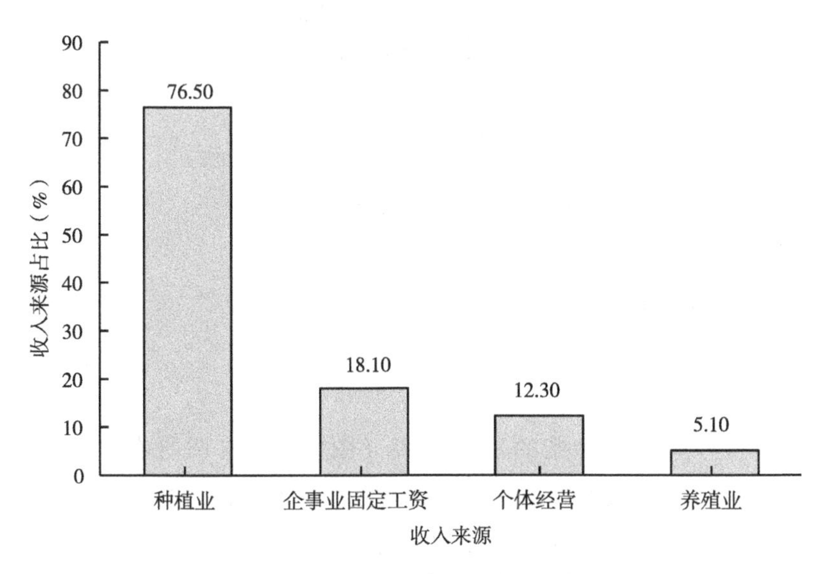

图 27　受调研农户收入来源分布

2. 种地规模与作物种类

受调研的农户家庭以拥有 5～10 亩耕地（1 亩≈667m^2）占比最多，占调研总数的 28.60%，3 亩及以下以及 3～5 亩的家庭分别占 27.30%和 27.70%（图 28）。可见，农户仍然是以小规模种植为主。并且，种植粮食作物的农户占 55.90%，其次为种植蔬菜的农户，占 42.70%；果树种植农户占 20.80%，还有其他零散作物种植，占 8.70%（图 29）。有 28.10%的农户至少种植 2 种作物。

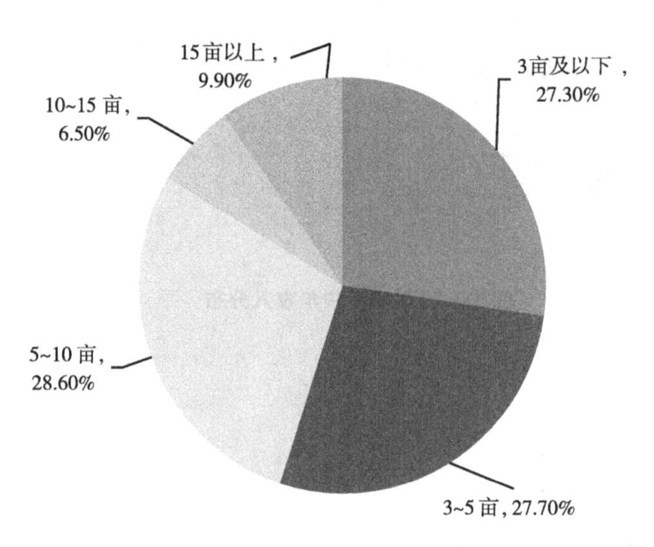

图 28　受调研农户地块规模分布

（三）农用化学品使用行为特征

1. 肥料种类特征

选择肥料种类为复合肥的农户最多（图 30），占调研农户总数的 72.00%；其次为使用尿素的农户，占调研农户总数的 61.70%；施用有机肥的农户占调研总数的 49.70%，说明有近一半的农户使用有机肥。排在第四位的是水溶肥，占调研总数的 25.70%；磷肥、钾肥和中微量元素也有使用，占比分别为 16.10%、23.40%和 10.70%。大部分农户施用 2 种以上的肥料种类。

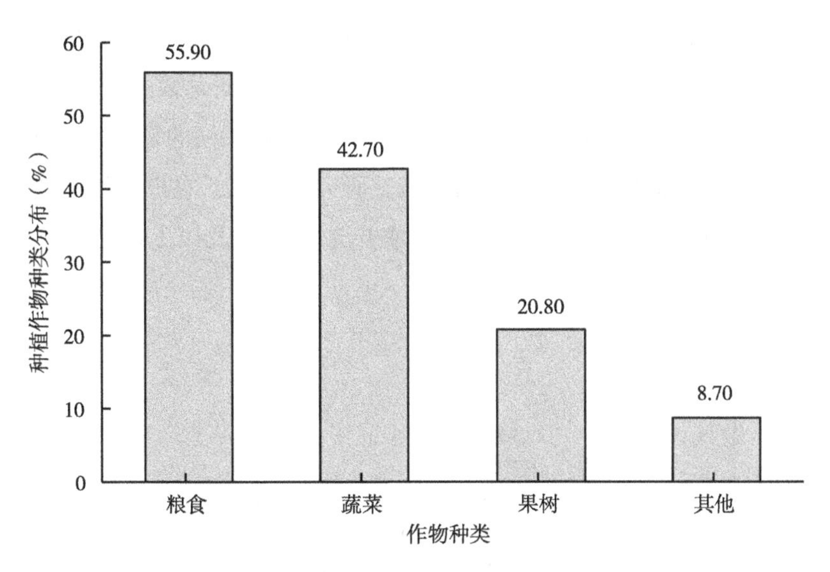

图 29　受调研农户种植作物种类分布

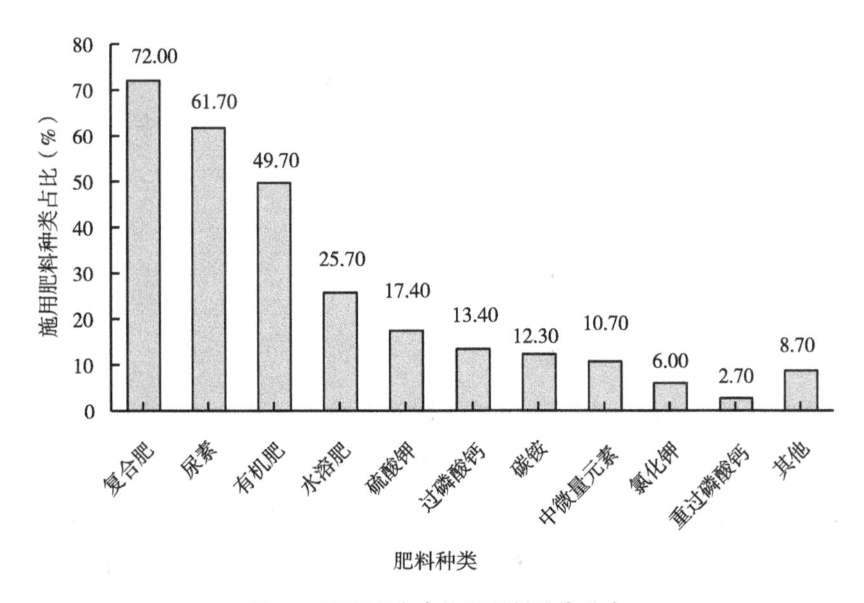

图 30　受调研农户施用肥料种类分布

2. 肥料施用方式

受调研农户的施肥方式主要采取表层撒施（图 31），占调研农户总数的 50.60%；其次为覆土深施和水溶后浇施，分别占调研总数的 45.00%和 42.50%；沟施和穴施分别占 26.60%和 19.00%。值得关注的是，占调研总数 18.80%的农户采取了水肥一体化措施。研究还发现，农户施用肥料的方式逐渐多样化，有一半以上的受调研农户选择 2 种及以上的肥料施用方式。

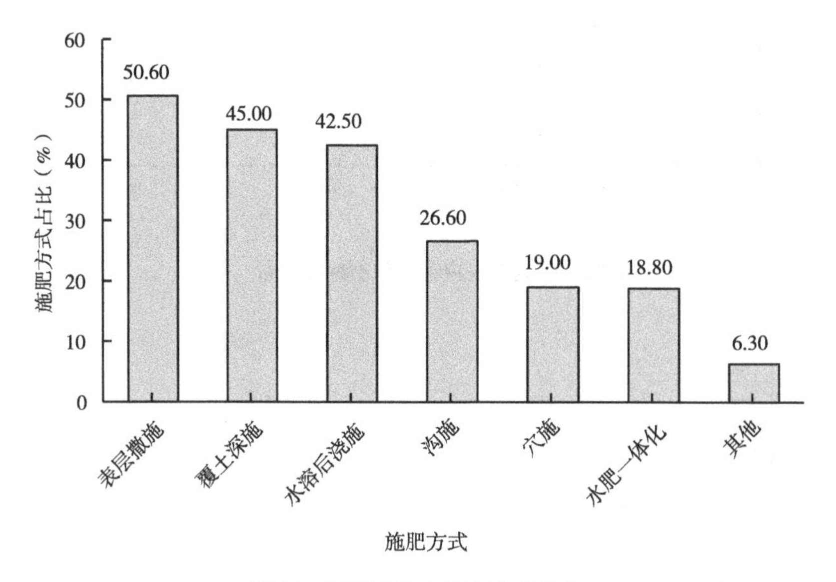

图 31　受调研农户施肥方式分布

3. 农用化学品用量依据

对农户化肥、农药、农膜使用量依据的调查数据显示（图 32），农户对于农用化学品的使用主要来自农资销售商的介绍，占比 55.50%；其次是完全凭经验使用，占比 50.30%。排名第三的为亲戚朋友间的相互咨询，占比 37.40%。来自技术部门指导的比例为 29.80%，仅为调查总数的 1/3。依据管理部门政策宣传使用农用化学品的农户仅占 14.30%。其余还有通过广播电视广告获取的信息以及通过其他途径获取的信息。结果还发现，农户在确定农用化学品使用量之前，会采取多种方式进行交流和沟通，以确定他们自己认为合适的投入量，说明农户的合理施肥理念正在逐步提升。

同时，调查发现，51.70%的受调查农户表示没有获得有关技术部门的指导，说明技术指导的覆盖面还有待进一步扩展。79.20%的农户表示如果降低化肥、农药或农膜的使用量，会减少作物产量，说明受调研农户对于减少农用化学品用量后的产量和收益还有较大担忧。

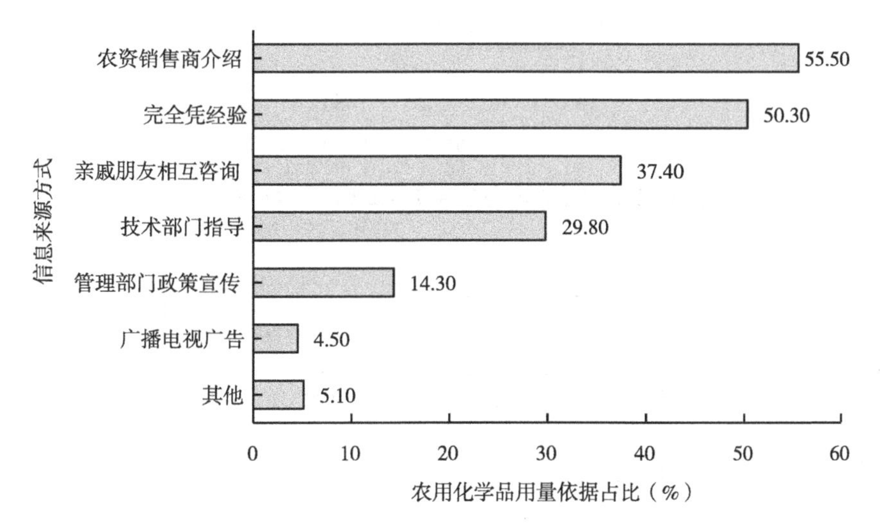

图 32　受调研农户农用化学品用量依据分布

4. 农药包装废弃物处理方式

对于使用后的农药包装废弃物如何处理的调查结果显示（图 33），49.20%的农户投放在专门的垃圾堆或回收点，32.90%的农户将农药包装废弃物和其他垃圾堆积在一起，还有近 1/3 的农户将使用后的农药包装废弃物直接丢弃在田边或水边。24.80%的农户选择 2 种以上处理方式。

5. 农膜使用后处置方式

通过调查，50.60%的受调研农户将使用后的农膜作为废品卖掉（图 34），其次是直接丢弃到农田里，占总调查农户的近 1/3。回收后再次

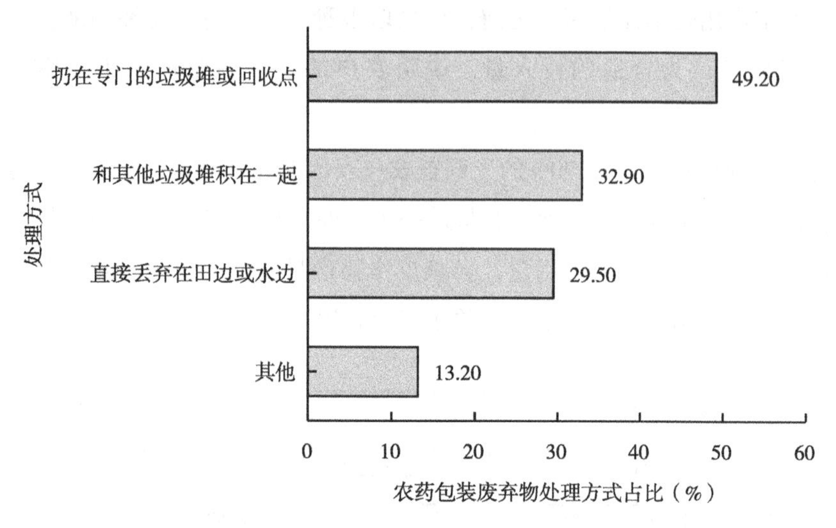

图 33　受调研农户农药包装废弃物处理方式分布

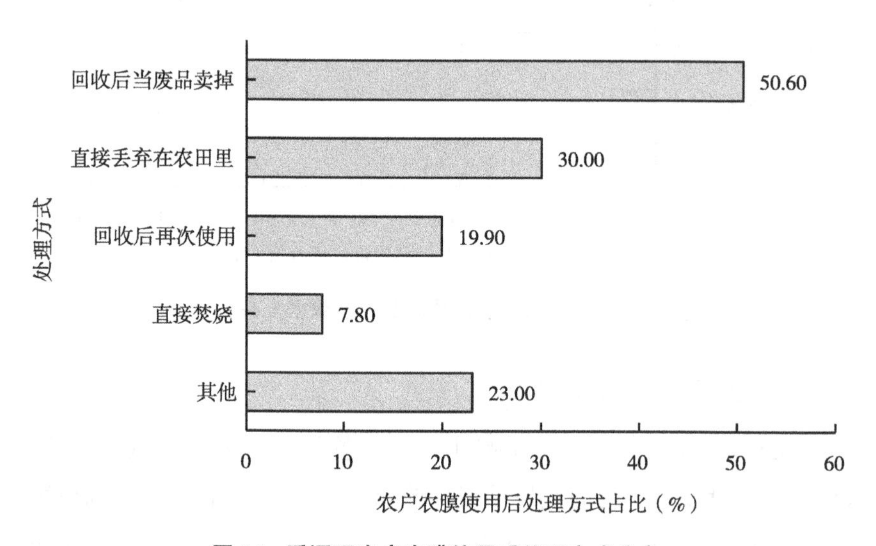

图 34　受调研农户农膜使用后处理方式分布

使用的农户占 19.90%，采取直接焚烧的农户占 7.80%，还有 23.00%的农户作为其他用途。有约 1/3 的农户选择多种方式处理农膜。并且，进一步询问农膜使用后是否有专人负责回收，仅有近 1/3 的农户确认是有专人回收，66.40%的农户反馈无专人负责回收。

6. 农业清洁生产技术应用

对于是否使用过病虫害生物防控技术，如生物菌、天敌、黄板、杀虫灯等防控材料与设备，58.60%的农户表示使用过，剩余农户表示没有使用过。49.00%的受访农户表示不了解可降解地膜，92.60%的受访农户表示没有使用过可降解地膜，67.30%的农户表示不了解地膜机械化回收。

（四）农户环境认知特征

在收集到的477份调查问卷中，62.60%的农户表示化肥、农药或农膜存在过量使用现象（图35），表明有一半以上的农户已经意识到农用化学品存在过量投入行为。72.90%的农户关注到农膜使用后带来的污染问题，并且指出前几年是农膜的“白色污染”，近几年由于黑色地膜使用量越来越大，“黑色污染”也越来越严重。对于大量使用农用化学品是否会带来环境污染的问题，75.60%的农户反馈农药会带来环境污染，64.90%的农户反馈农膜会带来环境污染，60.20%的农户认为化肥会带来环境污染，69.57%的农户认为化肥、农药、农膜中至少有2种会带来环境污染。另

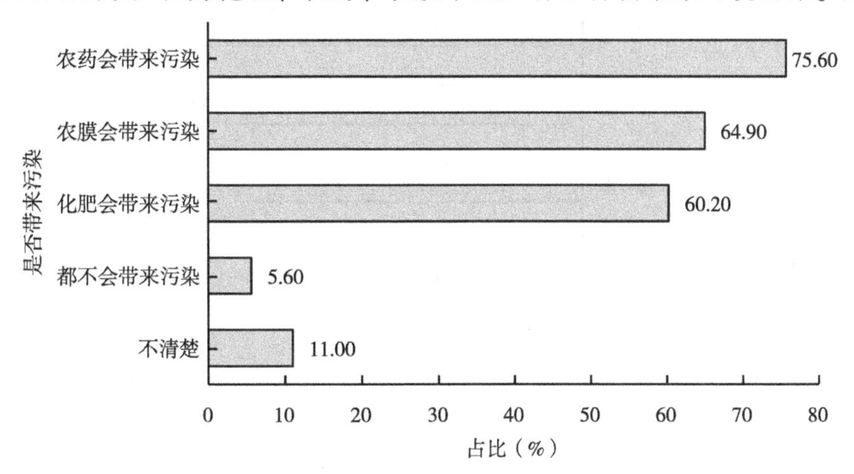

图35　受调研农户对于大量使用农用化学品是否带来环境污染的反馈分布

外，5.60%的农户认为化肥、农药和农膜不会带来环境污染，11.00%的农户表示对这一问题不清楚。

对于农业生产中大量使用化肥、农药、农膜带来的污染是否严重的问题，64.20%的农户认为已经严重或非常严重；对于是否意识到节约、合理使用化肥、农药、农膜的紧迫性问题，高达85.70%的农户意识到了合理使用农用化学品的紧迫性。以上结果说明随着知识的普及，技术的推广和农业、环保等政策的宣传，农户的农业环境保护认知意识逐渐增强，对农用化学品合理使用的意识越来越高。

（五）农用化学品投入影响因素

对于农户较多使用化肥、农药和农膜等农用化学品原因的统计结果显示（图36），73.60%的受访农户是为了获得更高的利润，54.80%的农户认为只重视了产量而忽略了环保，53.50%的农户认为自身施肥、施药缺乏专业的技术指导，仅凭经验施用，22.40%的农户认为政府对环境问题的重视程度不够。63.53%的农户认为至少有2种因素导致其愿意投入大量的农

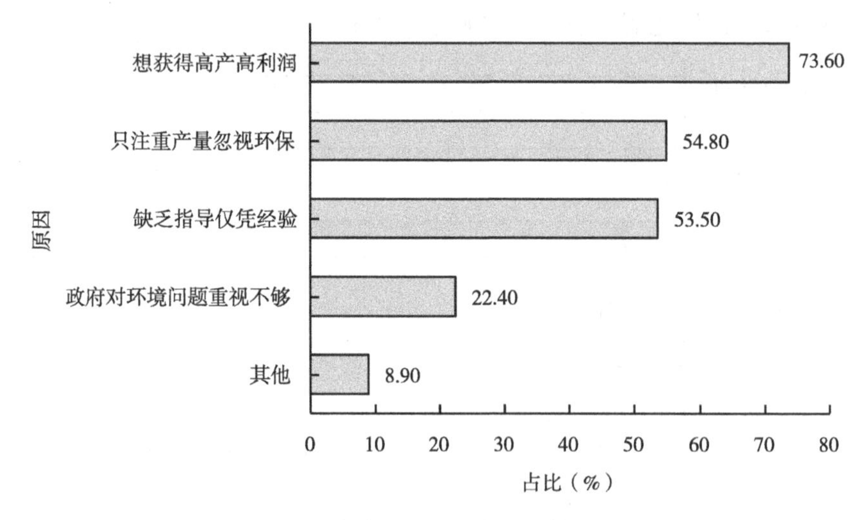

图36 受调研农户大量使用农用化学品原因分布

用化学品。

30.60%的受访农户表示玉米、小麦、蔬菜等农产品价格的上涨会增加化肥、农药和农膜的使用量，40.90%的受访农户对两者的关系表示存在可变性。

42.30%的农户表示如果化肥、农药和农膜等农资价格上涨后，不会再增加农用化学品投入，但是仍有16.60%的农户表示尽管农资价格上涨，依然会增加农用化学品投入。

对于家庭收入是否影响农资投入的问题，62.20%的受访农户表示家庭收入与农资投入之间没有密切关系；23.00%的农户表示家庭收入越高，农资的投入也会增加；还有14.80%的农户表示，家庭收入越高，对农业生产的重视程度就会降低，由于来自农田的收入占比较低，所以会降低对农用化学品的投入。

对于农田灌溉设施是否完备对农用化学品投入的影响，44.30%的农户认为农田灌溉设施良好，会减少对农用化学品的投入，16.60%的农户认为农田灌溉设施良好会增加对农用化学品的投入，还有39.10%的农户表示农田灌溉设施是否完备对农用化学品投入没有影响。

对于政府管理部门的农业污染防控与环境保护宣传会不会对化肥、农药、农膜的使用量有影响的问题，71.60%的农户表示以上措施会适度降低农用化学品的投入。另有77.00%的受访农户表示，农业技术部门的指导会有利于减少化肥、农药、农膜的使用量。以上结果均说明政府管理部门的宣传、农业技术部门的指导对减少农户农用化学品投入量会有极大的积极作用。

对于是否参加过作物施肥、施药和农膜使用技术培训，受访农户回答是和否的占比基本持平。在农业技术需求方面，87.90%的农户表示对化肥、农药、农膜的合理使用有技术需求。由于从事农业生产的人获取信息渠道有限，59.50%的农户表示未收到农膜可以回收的宣传，68.90%的农户表示并不十分了解农业农村部的“化肥农药使用量零增长行动”，

78.10%的农户表示并不了解农业农村部的农膜回收行动。

对于政府补贴对农用化学品投入的影响，93.10%的农户认为如果政府给予一定量的现金或实物补贴，愿意减少化肥、农药、农膜的使用量，使其保持在合理水平。

受访农户认为提升合理施肥、施药水平和科学使用农膜的措施主要有加强农民培训、田间实地指导、技术部门推荐具体用量、做好合理使用宣传和其他方式，分别占受访农户的76.30%、71.40%、62.00%、60.00%和7.60%。

三、农户清洁生产技术采纳意愿及影响因素研究

（一）农户清洁生产技术采纳意愿

在受调查农户中，95.50%的农户表示愿意接受政府或农业技术部门在作物施肥、施药和农膜使用上的技术指导，愿意参与到化肥、农药、农膜减施增效的活动中。90.80%的农户表示愿意使用可降解地膜。高达95.10%的农户表示愿意在保障作物产量的同时，适当合理地降低或合理调整化肥、农药、农膜的使用量。94.60%的农户表示愿意将使用后的农膜进行回收。

（二）农户清洁生产技术采纳意愿影响因素

1. Probit 模型介绍

本节将理性小农学派的农户行为理论作为研究农户采用农业清洁生产技术的基础，该理论认为农户采用某种技术是理性的，是以获取利益最大化为目标的，即在给定资源约束条件下，理性农户从自身利润最大化出发，清洁生产行为决策主要取决于其对此行为成本收益的动态比较。本节综合大量文献，以京津冀农户为调研对象，考察其农业清洁生产技术采纳

行为，为京津冀农业绿色发展提供微观分析基础（王秀丽和王士海，2018；肖阳和朱立志，2017；姜太碧，2015；颜璐，2013；褚彩虹等，2012）。

基于以上设定，为分析农户清洁生产技术决策行为，建立联立双变量 Probit 模型，满足以下假设：第一，方程组的随机扰动项之间存在相关性，故需对此模型中的方程同时进行估计；第二，模型存在两个结果变量。模型设定如下：

$$\begin{cases} y_1^* = b_1 + \beta_1 X_1 + \varepsilon_1 \\ y_2^* = b_2 + \beta_2 X_2 + \varepsilon_2 \\ E(\varepsilon_1) = E(\varepsilon_2) = 0 \\ var(\varepsilon_1) = var(\varepsilon_2) = 1 \\ cov(\varepsilon_1,\ \varepsilon_2) = \rho \end{cases} \tag{4-1}$$

其中，y_1^* 与 y_2^* 为不可观测的潜变量，本研究中表示是否愿意合理调整化肥、农药、农膜使用量以及是否愿意参与到化肥、农药、农膜减施增效活动中；X_1 与 X_2 表示影响农户这 2 项决策意愿的各项因素；b_1、b_2、β_1、β_2 为相应的估计系数；扰动项 ε_1 与 ε_2 服从二维联合正态分布，2 个方程期望值 $E(\varepsilon_1)$、$E(\varepsilon_2)$ 均为 0，同时 2 个方程的方差值 $var(\varepsilon_1)$、$var(\varepsilon_2)$ 为 1，相关系数为 ρ，即：

$$\left(\frac{\varepsilon_1}{\varepsilon_2}\right) \sim N\left\{\left(\frac{0}{0}\right),\ \begin{bmatrix} 1 & \rho \\ \rho & 1 \end{bmatrix}\right\} \tag{4-2}$$

ρ 是 ε_1 与 ε_2 的相关系数，在 ρ 显著的前提下，若 $\rho = 0$，表明 ε_1 与 ε_2 不相关，即模型中的 2 个方程可以分别估计，且分别估计与同时估计的结果完全一致；若 $\rho \neq 0$，则模型中的 2 个方程需要同时估计，其中，$\rho > 0$ 表示 y_1 与 y_2 呈现互补效应，$\rho < 0$ 表示 y_1 与 y_2 呈现替代效应（褚彩虹等，2012）。

由于 y_1 与 y_2 是模型结果变量，若 $y_1^* > 0$，表明农户愿意合理调整化肥、农药、农膜使用量，即 $y_1 = 1$，反之，则 $y_1 = 0$。若 $y_2^* > 0$，则表明农户愿意参与到化肥、农药、农膜减施增效活动中，即 $y_2=1$，反之，则 $y_2=0$。基于此，y_1、y_2 由以下方程决定：

$$y_1=\begin{cases}1 & 若\ y_1^*>0\\0 & 若\ y_1^*\leqslant 0\end{cases} \tag{4-3}$$

$$y_2=\begin{cases}1 & 若\ y_2^*>0\\0 & 若\ y_2^*\leqslant 0\end{cases} \tag{4-4}$$

2. 变量描述

所建模型的被解释变量为农户参与清洁生产的意愿，结合国内外已有研究成果，将农户清洁生产行为影响因素及解释变量归纳为：农户特征因素（性别、年龄、家庭收入等）、生产投入因素（化肥投入、农药投入、农膜投入）、环境认知因素（环境影响认知、风险偏好）、技术认知因素（技术培训、政策了解等）。变量设定与赋值见表1。

表1　变量设定与赋值

变量名		赋值
是否愿意合理调整化肥农药农膜使用量		不愿意=0，愿意=1
是否愿意参与到减施增效活动中		不愿意=0，愿意=1
农户特征	年龄	30岁及以下=1，31~40岁=2，41~50岁=3，51~60岁=4，61岁及以上=5
	教育水平	初中及以下=1，高中=2，大专或本科=3，硕士及以上=4
	种植年限	5年及以下=1，6~10年=2，11~20年=3，21~30年=4，31年及以上=5
	身份类别	一般小农户=1，种植大户=2，农业合作社=3
	工作类型	专职农业=1，兼职农业=2，非农工作=3
	家庭收入	5万元及以下=1，5万~10万元=2，10万~15万元=3，15万元以上=4
	耕地面积	3亩及以下=1，3~5亩=2，5~10亩=3，10~15亩=4，15亩以上=5

（续表）

变量名		赋值
生产投入	化肥费用	500元以内=1，501~1 000元=2，1 001~2 000元=3，2 001~3 000元=4，3 001~4 000元=5，4 001元及以上=6
	农药费用	200元以内=1，201~400元=2，401~600元=3，601~800元=4，801~1 000元=5，1 001元及以上=6
	农膜费用	0元=1，1~1 000元=2，1 001~2 000元=3，2 001~3 000元=4，3 001元及以上=5
环境认知	是否清楚施肥和用药量	否=0，是=1
	是否存在过量使用现象	否=0，是=1
	是否关注农膜污染	否=0，是=1
	污染严重程度	不严重=1，一般=2，严重=3，非常严重=4
	节约是否有必要	否=0，是=1
	是否意识到紧迫性	否=0，是=1
技术培训及宣传	生产前是否得到指导	否=0，是=1
	是否参加过培训	否=0，是=1
	是否获得补贴	否=0，是=1
	是否了解化肥农药零增长行动	否=0，是=1
	是否了解农膜回收行动	否=0，是=1

注：各变量区间划分与实际调研问卷一致，未做变动；生产投入数值取整后归入相应区间。

3. 模型构建

鉴于双变量 Probit 模型允许不同方程误差项间存在相关性，且农户是否采纳清洁生产技术和是否愿意参与清洁生产为二元选择模型。因此，运用双变量 Probit 模型分别探讨农户是否愿意采纳清洁生产技术和是否愿意参与到清洁生产行为中。具体形式为：

$$Y^* = P(Y_i = 1/X) = \Phi(B X_i) \tag{4-5}$$

其中，Y^* 为被解释变量；X 表示农户清洁生产技术采用行为决策；X_i 为解释变量，表示农户采用清洁生产行为影响因素，包括农户特征、环境认知等变量；$P(Y_i = 1/X)$ 为小农户和种植大户在给定 X 情况下，分别采用清洁生产行为概率；Φ、B、X_i 分别为标准状态分布的累计分布函数、待估参数向量、第 i 个观测样本。

4. 模型运行

为保证回归结果有效性，首先检验自变量多重共线性，结果显示，方差膨胀因子（VIF）均小于10，且容忍度均大于0.1，表明自变量不存在多重共线性。利用Stata统计软件对农户采用清洁生产行为的意愿影响因素展开双变量Probit模型估计，结果见表2。

表2　农户清洁生产行为决策模型运行结果

变量		是否愿意合理调整农用化学品使用量	是否愿意参与到减量增效活动中
农户特征	年龄	-0.546**	-1.013***
	教育水平	-0.162	0.434
	种植年限	-0.455*	-0.418*
	身份类别	0.636	-0.44
	工作类型	-1.172***	-0.362
	家庭收入	-0.326	-0.158
	耕地面积	0.057	-0.076
生产投入	化肥费用	-0.268	-0.137
	农药费用	-0.041	0.132
	农膜费用	-0.215	-0.301
环境认知	是否清楚施肥和用药量	0.014	0.206
	是否存在过量使用现象	1.272**	0.858**
	是否关注农膜污染	0.315	0.344
	污染严重程度	0.739**	0.419*
	是否有必要节约	0.759	1.260**
	是否意识到紧迫性	1.615***	0.363
技术培训及宣传	生产前是否得到指导	1.602**	1.498**
	是否参加过培训	-0.079	1.196**
	是否获得补贴	-0.270	-0.389
	是否了解化肥农药零增长行动	0.028	-0.354
	是否了解农膜回收行动	0.264	0.915

（续表）

变量	是否愿意合理调整农用化学品使用量	是否愿意参与到减量增效活动中
常数	4.101**	0.038
个数	413	413
Prob > chi^2	0.000	0.000
log likelihood	−68.251	−73.951

注：* 表示 $P<0.1$；** 表示 $P<0.05$；*** 表示 $P<0.01$。

5. 结果分析

（1）年龄　由表2可知，年龄显著负向影响农户清洁生产技术采纳决策，即农户年龄越大，采用清洁生产技术的可能性越低。主要原因可能是测土配方施肥、生物防治等环境友好措施技术含量较高，年轻农户学习能力较强，可较快掌握新技术，而年老农户接受新事物能力偏低，更倾向于采用高投入、高产出的传统农业生产方式。

（2）种植年限　种植年限显著负向影响农户清洁生产技术采纳行为决策，即农户种植年限越长，越不愿意采用清洁生产技术。主要原因可能与年龄相关，种植年限越长，农户年龄偏大，生产习惯使得农户不愿意做出改变，对新技术接受程度较低。

（3）工作类型　工作类型显著负向影响农户减少化肥、农药、农膜投入的意愿，对是否愿意参与减施增效活动影响不显著。专职从事农业生产的农户更倾向于在保障作物产量的同时，合理降低化肥、农药、农膜的使用量。这主要是由于专职从事农业生产的农户更注重降低生产成本，从事非农生产的农户收入较高，对农业生产成本的关注较弱。

（4）是否认为化肥、农药、农膜存在过量使用现象　这一变量显著正向影响农户清洁生产技术采纳行为决策。认为化肥、农药、农膜存在过量使用现象的农户更愿意采用清洁生产技术，更愿意参与到减施增效活动中。原因可能是这些农户已初具生态保护自觉性，已经认识到过量使用化肥、农药、农膜会对环境产生不良影响。

(5) 对大量使用化肥、农药、农膜带来的污染程度的认知　对污染严重程度的认知显著正向影响农户清洁生产技术采纳行为决策，即农户认为农业生产中大量使用化肥、农药、农膜带来的污染越严重，越愿意参与到减施增效活动。农户对过量使用化肥、农药、农膜认知越深，越倾向于采用清洁生产技术。

(6) 是否认识到节约合理使用化肥、农药、农膜的紧迫性　这一变量显著正向影响农户清洁生产技术采纳决策，对参与减施增效活动意愿的影响不显著。农户认为节约合理使用化肥、农药、农膜的形势越紧迫，越倾向于采用农业清洁生产技术。

(7) 产前技术指导　产前技术指导显著正向影响农户清洁生产行为决策。原因可能是产前技术指导有利于增强农户环保意识，引导农户采用环境友好型技术。

(8) 技术培训　技术培训显著正向影响农户参与减施增效活动的意愿，对清洁生产技术采纳决策影响不显著。在一定程度上说明虽然参加过技术培训的农户环保意识提高，愿意参与到减施增效活动，但技术培训的针对性需要进一步增强，使农户能够真正愿意在农业生产中采用清洁生产技术。

四、小结

通过对农户化肥、农药、农膜使用行为，种植业源环境污染的认知与意识以及农业清洁生产技术采纳行为与持久采纳意愿进行调查，结果显示，参与种植生产调研的农户年龄主要分布在41~50岁及51~60岁，学历教育普遍偏低，家庭耕地较为分散，施用的肥料种类以复合肥、尿素和有机肥为主。施肥方式主要采取表层撒施，占调研总户数的50.60%。农户对于农用化学品的使用多是来自农资销售商的介绍，占比55.50%；其次是完全凭经验使用，占比50.30%。排名第三的为亲戚朋友间的相互咨询，占比 37. 40%。来自技术部门指导的比例为 29. 80%，仅为调查总数的 1/3。同时，调查发现，51. 70%的受调查农户表示没有获得有关技术部门的指导。79. 20%的农户表示如果降低化肥、农药或农膜的使用量，会减少作物产量。使用后的农药、农膜废弃物回收与治理仍需加强管理。

对于农户较多使用化肥、农药和农膜等农用化学品的原因，调查结果显示，73. 60%的受访农户是为了获得更高的利润，54. 80%的农户认为只重视了产量而忽略了环保，53. 50%的农户认为自身施肥、施药缺乏专业的技术指导，仅凭经验施用，22. 40%的农户认为政府对环境问题的重视程度不够。另外，农资的价格、农产品的价格、家庭收入、农田设施条件、政府的宣传、技术培训以及是否有补贴等因素均会对农业化学品投入行为产生影响。

随着知识的普及，技术的推广和农业、环保等政策的宣传，农户的农业环境保护认知意识逐渐增强，对农用化学品的合理使用意识越来越高。95. 50%的农户表示愿意接受政府或农业技术部门在作物施肥、施药和农膜使用上的技术指导，愿意参与到化肥、农药、农膜减施增效的活动中。90. 80%的农户表示愿意使用可降解地膜。有高达 95. 10%的农户表示愿意在保障作物产量的同时，适当、合理地降低或合理调整化肥、农药、农膜的使用量。94. 60%的农户表示愿意将使用后的农膜进行回收。

采用 Probit 模型，基于农户特征（性别、年龄、家庭收入等）、生产投入（化肥投入、农药投入、农膜投入）、环境认知（环境影响认知、风险偏好）、技术认知（技术培训、政策了解等）等因素的农户清洁生产采纳意愿影响因素分析，结果显示，年龄、种植年限显著负向影响农户清洁生产技术采纳行为决策。产前技术指导和培训、农户对农用化学品投入是否过量以及环境影响程度的认知，显著正向影响农户清洁生产技术采纳行为决策。专职从事农业的农户以及有合理使用农用化学品紧迫性认知的农户更倾向于在保障作物产量的同时，合理降低化肥、农药、农膜的使用量。

第五章　国际种植业农用化学品投入减量增效经验与借鉴

从已有公开发表文献、网站、报告等资料中，采取文献调研、实地调研和专家访谈相结合的方法，总结国内外种植业农用化学品（包括化肥、农药、农膜）投入减量增效的技术进展以及采取的管控措施，为京津冀农业资源高效利用及环境污染防控提供经验与借鉴。

一、化肥减施增效技术与管控措施

（一）化肥减施增效技术进展

1. 国内化肥减施增效技术

（1）科学推荐施肥技术

①测土配方施肥法。测土配方施肥法是通过建立土壤测试值和施肥量的数学模型，依据土壤测试和作物养分需求量，推荐合理的施肥套餐。采用测土配方施肥，水稻、小麦、玉米、大豆、蔬菜、水果平均可增产15.0%、12.6%、11.4%、11.2%、15.3%、16.2%，氮肥利用率提高10%（白由路和杨俐苹，2006）。测土配方施肥法可使马铃薯增产2 040 kg/hm^2，节肥10.5 kg/hm^2（范表，2016）。美国土壤学家斯坦福（Stanford）提出的养分平衡模型是测土配方施肥法计算肥料需求量的经典模型，计算公式如下：

肥料需求量=（作物总吸收量-土壤养分供应量）/

（肥料中养分含量×肥料当季利用率）(5-1)

土壤养分供应量=土壤养分测定值×0.15×校正系数 (5-2)

但是，以上计算公式存在两方面的问题（王剑峰，2011）。一方面，0.15是在土壤容重为1.15 g/cm^{3}时的换算系数，而不同区域和不同质地的土壤容重差异较大，土壤养分供应量若采用常数计算会造成养分供应过高或过低的预估，因此不能反映当季土壤真实供应情况；另一方面，土壤养分供应量计算公式中存在一个错误假设，即土壤养分的供应（一季的养分矿化或养分增加量）与土壤测试值存在线性正相关关系，而这种关系并不存在，相乘后则会放大土壤测试值对耕层土壤养分的供应量。土壤养分供应量的准确评估直接关系到推荐施肥量的准确性。

②土壤肥力指标法（养分丰缺指标法）。土壤肥力指标法是指在不同肥力水平的土壤上通过田间试验得到养分供应充足的处理和对应缺肥处理的比值（即相对产量），计算公式如下（赵惠芳，2000）：

相对产量（%）=缺肥区作物产量/全肥区作物产量×100 (5-3)

相对产量＜50%对应的养分含量为极缺，50%~75%为缺，75%~95%为中，≥95%为丰。把土壤测定值按照上述级差进行分级后制成养分丰缺及相对应施肥量检索表，待推荐施肥地块可依据地力级别来确定肥料施用量。

③肥料效应函数法。肥料效应函数法是指采用单营养元素或者多营养元素的多水平量级试验设计，将试验结果的养分投入量与作物产量进行回归分析得到相关数学函数方程，从而得到最高产量的推荐施肥量。其中“3414”试验可以对氮、磷、钾进行三元二次肥料效应函数的拟合，同时还可分别对氮、磷、钾进行任意二元或一元肥料效应函数拟合（陈新平和张福锁，2006），通过极值判别和边际分析获得最佳推荐施肥量。该方法广泛应用于我国小麦（王圣瑞等，2002）、水稻、玉米（李明江和陈锐，2011）、谷子（殷振琴，2018）、马铃薯（战美松等，2019）等作物的推荐

施肥。通过田间试验建立推荐施肥指标体系可以弥补测土配方施肥的不足。

④地力差减法。地力差减法是指根据作物目标产量与无肥区产量之差来计算施肥量的一种方法（王军等，2008）。计算公式如下：

施肥量=（目标产量-无肥区产量）×作物单位产量养分吸收量/（肥料中养分含量×肥料当季利用率） （5-4）

其中，作物单位产量养分吸收量是指每生产 1 个单位（如 1 000 kg）目标产量所吸收的养分数量，主要是氮、磷、钾 3 个要素（张福锁等，2009）。肥料当季利用率是指作物吸收肥料养分量占肥料投入量的比例，可通过田间试验确定，计算公式如下：

某养分当季利用率（%）=（施肥区该养分作物吸收总量-对应缺素区该养分作物吸收总量）/施入肥料中该养分总量×100 （5-5）

⑤基于作物产量反应与农学效率的推荐施肥方法。该方法通过汇总全国范围长期以来的肥料田间试验数据，建立作物产量反应、农学效率、养分吸收与利用效率数据库，分析作物最佳养分需求和利用特征，基于土壤养分供应特征、相对产量特征、作物产量反应与农学效率等指标的内在关系，建立基于产量反应和农学效率的推荐施肥模型，从而避免了需要采集土样及实验室化验分析进行推荐施肥的过程。其基本原理：收获时作物产量由两部分形成，一部分是来自土壤基础养分供应，另一部分来自施肥后肥料的增产作用，即产量反应。该方法是以作物目标产量为基础，使用不施肥小区的养分吸收或产量水平来表征土壤基础肥力，地块施肥后作物产量反应越大，则说明该地块基础肥力越低，为达到一定目标产量时，所需的肥料推荐量就越高。该方法已结合现代信息技术研发形成界面友好、操作简单的养分专家系统（Nutrient Expert，NE）（何萍等，2018）。NE 系统推荐施肥考虑了有机肥、秸秆还田、轮作体系、大气沉降和降水等外界环境带入的养分，并采用 4R 养分管理（Right Source，Right Rate，Right Time and Right Place）策略，做出完善的推荐施肥套餐，指导用户在合适的时间、选择合适的肥料种类、在合适的位置施用合适用量的肥料。该方法时效性强，在有和没有土壤测试的条件下均可使用。NE 系统推荐施肥在我国小麦、玉米、水稻主产区以及蔬菜、果树、油菜、茶叶等26种作物上均已应用。多年试验结果表明，与农民习惯施肥相比，该方法在保障或提高作物产量的同时，减少了化肥投入，增加了经济效益，提高了肥料利用效率，不仅适合小农户，而且也适用于不同规模的区域尺度农田，是一种可供选择的推荐施肥方法。

⑥氮素追肥无损速测推荐施肥方法。其方法原理是使用土壤、植株快速测试技术确定氮素追肥用量。传统农业生产上，往往通过肉眼观察作物颜色判定其营养状况，凭借经验追施肥料。近年来，随着光谱技术研究的深入，一些用于快速诊断作物营养的光谱测定仪应运而生，其特点在于操作简单、便于携带。因此，光谱测试仪在追肥推荐上得到广泛应用。其中以叶绿素仪、根冠反射仪、叶色卡和硝酸盐反射仪等应用较多。

（2）新型肥料技术研发　新型肥料可以使肥料利用效率提高10%～30%，作物增产7%～19%，对资源高效利用、作物高产和环境保护具有重要意义。我国当前主要新型肥料品种有缓/控释肥、生物肥、水溶肥、叶面肥、微量元素肥、调节剂、氨基酸肥、腐植酸肥等（徐兴家，2014；于广武等，2014）。其中缓/控释肥和水溶肥发展速度较快，产品市场占有率较高。

缓/控释肥中的养分释放是根据作物不同生育阶段及营养需求特征，通过物理、化学和生物化学手段调节养分释放速率，当释放速率和强度与作物生命周期需肥同步时，则能最大程度满足作物养分需求，减少养分损失，提高养分利用效率。当前缓/控释肥主要类型有造粒型、抑制剂型、有机合成型和包膜涂布型（张福锁等，2009）。另外，生物肥也是近些年逐渐发展起来的新型肥料品种。生物肥中含有作物所需的营养元素和微生物，是生物、有机、无机的结合体（佚名，2019）。前期马铃薯施用生物有机肥试验结果表明，产量和经济效益分别增加3%和37%，化肥总投入减少50%（李萍等，2019）。水溶肥是一种完全可以溶解于水的多元复合肥，其养分更容易被作物吸收利用。调节剂类是用于改善土壤物理、化学和生物学性质以及植物生长机制的物质，主要分为土壤调理剂和植物生长调节剂两大类。腐植酸肥是以泥炭（草碳）、褐煤、风化煤、秸秆和木屑等为主要原料，经过化学处理或再掺入无机肥料而制成的，主要品种有腐植酸铵、生化黄腐酸和腐植酸复合肥等。

（3）肥料机械化深施技术　机械化施肥技术是按农艺要求，使用深施机具适时将化肥均匀地深施于地表以下土壤的实用技术，可减少肥料风蚀损失，延长肥效，促进作物吸收，进而提高化肥利用率，是实现农业减肥增效的重要措施之一（曹冰，2018）。机械化施肥方式可分为条施和穴施。条施技术应用广泛，但与穴施技术相比，施肥位置仍然不精准，易造成肥料资源浪费；而我国机械化穴施技术自动化程度和整体技术水平不高，与国外差距较大（袁文胜等，2011；Fountas et al.，2005）。因此，定量精准机械化穴施技术还有较大发展潜力。

我国农业农村部从20世纪90年代中期开始大力推广化肥深施技术，各地科研人员对不同土壤类型、不同作物品种进行了化肥深施效果研究（陈愿福和吴友弟，1994）。水稻化肥深施试验结果表明，与地表撒施相比，可增产5.5%，减施氮肥15%（沈国岩和张光华，2002）。玉米机械深施增产13.1%，肥料利用率提高10.2%，其中深施20~23 cm时产量最高（王素勤，2011）。与人工表施相比，化肥深施6~15 cm时化肥利用率提高30%以上，减少挥发和渗漏损失，还有抗旱保墒的作用（洪立华等，2008）。

机械化操作大大提高了工作效率，减轻了劳动强度，节省了人工费用；同时还能避免烧种烧苗的现象。根据不同作物研发配套的底肥、种肥和追肥机械深施技术，对于促进化肥减施增效具有重要作用。

（4）水肥一体化技术　水肥一体化是指将灌溉与施肥综合协调的一体

化管理技术，是依据土壤养分含量和作物需肥规律及特点，将可溶性固体或液体肥料溶解在灌溉水中，通过可控滴灌管道系统，均匀、定时、定量浸润作物根系发育生长区域，使根系土壤始终保持适宜的含水量，达到水肥同步管理，实现水肥高效利用的农业技术。水肥一体化技术可减少肥料挥发、固定以及淋溶损失，与传统水肥管理相比，可节约肥料30%~50%，肥料利用率可提高30%~50%，是我国实现农业资源高产高效的主推技术（张承林和郭彦彪，2005）。

（5）有机肥替代技术　有机肥替代技术是基于养分平衡原理，根据土壤养分供应和作物养分需求进行有机肥与化肥的配施，提高有机肥投入比例，降低化肥施用量的肥料管理技术。有机肥替代技术对于缓解生产与环保矛盾具有重要意义，是减少化肥施用量、提高有机肥资源利用率、实现农业可持续发展的重要举措之一。统计结果表明，有机无机配施可显著提高番茄产量7.1%，维生素C和可溶性糖含量分别显著增加21.2%和14.3%，硝酸盐含量显著降低19.4%（姜玲玲等，2019）。

我国有机肥资源丰富，据统计，全国每年生产38亿t畜禽粪污，利用率不足60%，畜禽粪肥对钾肥的替代潜力最大，其次为磷肥，氮肥替代潜力仅为1/3左右。不同畜禽粪肥中养分含量差异较大，鸡粪对氮肥和磷肥的替代潜力较大，猪粪尿对钾肥的替代潜力较大。因此，需要进一步研发合理养分配比的有机肥，提高有机肥替代率和施用效果，有利于有机肥替代技术的全面推广应用（路国彬和王夏晖，2016）。

（6）秸秆还田技术　秸秆还田类型有堆沤还田、过腹还田、直接还田、留高茬还田（刘芳等，2012）。其中，机械化秸秆还田技术是通过农机具直接在田间将秸秆粉碎、翻耕到土壤中的技术措施，是利用秸秆资源最经济、最有效、最直接的手段。我国稻麦秸秆还田肥料减施技术模式已经成熟，收获后用打茬机将秸秆粉碎至5 cm以下，并均匀分散开，补施尿素或秸秆促腐剂，用旋耕机旋耕，使秸秆、土壤、肥料充分混合，与常规施肥相比，连续秸秆还田4年，化肥可减施15%，稻谷可增产8.2%（赵庆雷，2019）。

秸秆过腹还田是将秸秆先作饲料，利用秸秆饲喂牛、马、猪、羊、禽等牲畜后，经禽畜消化吸收后变成粪、尿，再经处理后，以畜禽粪尿施入土壤进行还田。秸秆覆盖或堆沤还田技术是把不宜直接作饲料的秸秆（麦秸、玉米秸和水稻秸秆等）直接或堆积腐熟后施入土壤中的一种技术。我国秸秆资源丰富，秸秆年产量约9亿t，但还田率相对偏低，不仅浪费了一定的资源，同时还对生态环境造成了严重污染（叶丽丽等，2010）。秸秆中丰富的氮、磷、钾、钙、镁等养分经过矿化作用转化为作物可以吸收利用的有效养分，不仅可以减少化学肥料的投入，而且可以培肥地力、调节土壤温湿度、增强作物抗性。有研究显示，秸秆还田可提高玉米产量约10%（高日平等，2019）。

2. 国外化肥减施增效技术

（1）推荐施肥方法研究　在氮肥总量推荐方面，美国一般采用目标产量法，根据肥料效应函数确定作物目标产量需氮量。配方施肥技术在美国普及率已经达到80%以上，美国还大力推广“4R”施肥技术，即选择合适的肥料种类，在合适的时间、合适的位置施入适量的肥料。各州也开发并建立基于计算机的推荐施肥专家系统，为农民科学合理施肥提供技术指导和决策依据（周卫，2016），这项技术也已经在国内广泛开展。许多农场主在农业生产中积极开展保护性技术模式的探索，如对使用有机肥、测土配方施肥等保护性技术措施进行集成应用。

欧洲国家一般以一定目标产量下收获物带走的氮作为作物需氮量，同时考虑了土壤有机氮的矿化和土壤中残留的无机氮，即养分平衡法。其计算方法见式（5-6）。

总施氮量＝目标产量需氮量－有机氮矿化量－土壤剖面无机氮含量　（5-6）

其中，有机氮矿化量是利用近几年不施氮小区作物收获氮素移走量均值来确定。

美国和欧洲各国磷、钾肥推荐量一般采用养分平衡法来确定，遵循构建并维持策略（Built Up and Maintenance），即土壤有效磷、钾测定值水平保持产量的稳定，同时防止磷、钾累积过量引起的养分淋失进而造成的农业面源污染。国外已经开始进入了以产量、品质、资源高效利用和生态环境等多目标的测土施肥技术研究的新阶段，测土施肥正逐渐向养分资源综合管理方向发展（贾良良等，2008）。

（2）新型肥料技术研发 新型肥料技术研发及其产品的应用有利于促进化肥的减施增效，主要包括生物肥料、含脲酶/硝化抑制剂的复混肥料、缓/控释肥料等。生物肥料是指含有特殊功能微生物和细菌的一类肥料，又称为菌肥或微生物接种剂。1895 年德国研发的“Nitragin”根瘤菌剂是世界上最早的生物肥料（杨梦娇，2015）。生物肥料促进作物增产和提高肥料利用效率的主要机制是能产生促进根毛密度、长度增加及侧根出现频率提高的物质，以增加根部的表面积，提高根部养分吸收的能力。澳大利亚农业生产实践表明脲酶抑制剂的使用显著提高了氮肥利用效率（Chen et al.，2008）。还有大量研究表明，生物有机-无机复混肥可以改良土壤、培肥地力，提高并改善作物产量和品质，化肥利用率可提高 10%（佚名，2019）。

在 20 世纪 50 年代，欧美、日本等就已经开始研发缓/控释肥料，并逐渐形成以脲甲醛、包硫尿素、树脂包膜肥等为代表的产品，由于其价格是普通尿素的 3~10 倍，限制了其在大田作物上的推广应用（Shaviv，2000）。据统计资料显示，美国和日本是缓/控释肥用量最大的两个国家，其缓/控释肥生产技术处于世界领先水平（解玉洪和李曰鹏，2009）。

（3）机械化秸秆还田技术 秸秆还田是列入国际持续发展农业的关键技术之一。国外对机械化秸秆还田技术研究起步较早，20 世纪 60 年代初美国万国公司首次在联合收割机上采用切碎机对秸秆进行粉碎还田，其后研制了与 90 kW 拖拉机配套的 60 型秸秆切碎机。美国每年秸秆还田量约占秸秆总量的 68%。欧、美、日等发达国家和地区对机械化秸秆还田技术的研制和生产起步早且发展快，处于世界领先地位。

（4）有机肥替代及配套技术与装备　2013年美国出版的《微生物养活世界》一书中认为，有机肥与无机肥配施下化肥可减施20%，作物增产20%。日本学者于20世纪七八十年代开展了有机肥对茶叶品质的影响研究，其结果表明施用菜籽饼的茶叶品质均高于施用硫铵的茶叶品质（伊晓云等，2018）。

另外，美国等发达国家还进行有机肥料替代化肥技术和智能化精准施肥机具的研发；日本注重研发化肥深施机械和匹配作物养分需求规律的缓/控释肥料、速溶肥料等新型肥料；以色列大力发展水肥一体化技术与装备，大幅度提高肥料利用率。

（二）促进化肥减施增效的管控措施

1. 国内促进化肥减施增效的管控措施

（1）科学施肥管理措施　我国推荐施肥技术从理论到实践应用发展迅速，多种推荐施肥技术的产生，使我国的施肥工作从定性的矫正施肥阶段发展到定量化施肥阶段。国家陆续发布测土配方施肥项目管理、行动方案、专家组指导意见等文件，促进测土配方施肥的普及，逐步扩大测土配方施肥应用面积，实现主要农作物测土配方施肥全覆盖。同时，推进新型肥料产品研发与推广，集成推广种肥同播、化肥深施等高效施肥技术，不断提高肥料利用率。2015年农业部印发《到2020年化肥使用量零增长行动方案》，提出要积极探索有机养分资源利用有效模式，鼓励开展秸秆还田、种植绿肥、增施有机肥，合理调整施肥结构，引导农民积极施用农家肥。北京、江苏、上海、浙江等省市相继出台有机肥施用补贴政策，选择多个重点地区开展有机肥替代化肥试点。2019年中央一号文件中，也特别提出了要完成高标准农田建设任务，结合高标准农田建设，大力开展科学施肥行动，减少化肥污染排放，保护农业生态环境。另外，科技部每年立项多个项目，推动建立先进的作物养分管理方法，实施有机肥料替代策略，创制新型高效肥料，研发智能化施肥机具等能促进实现化学肥料减施增效的关键技术。国内通过多措并举，提高肥料利用率，防止和降低过量施肥和盲目施肥。

（2）水肥一体化指导意见　2013年农业部把节水农业作为种植业工作重点之一，印发了《水肥一体化技术指导意见》，指出到2015年我国水肥一体化技术推广总面积达到8 000万亩以上。2016年中央一号文件和《农业部办公厅关于印发〈推进水肥一体化实施方案（2016—2020年）〉的通知》要求大力发展节水农业，控制农业用水总量，推动实施化肥使用量零增长行动，提高水肥资源利用效率，加快推动水肥一体化技术的深入研究和推广应用。水肥一体化技术在作物上的推广应用受到成本投入和维护费用较高的限制，因此，为推动水肥一体化技术的广泛应用，一方面应完善该技术的推广和政策扶持体系；另一方面，应加强水溶肥产品以及水肥一体化设备的研发，提高质量，降低成本（陈广锋等，2013）。

（3）农业面源污染防治攻坚战　2015年4月10日，《农业部关于打好农业面源污染防治攻坚战的实施意见》印发。该意见提出的重点任务包括：大力发展节水农业；实施化肥零增长行动；实施农药零增长行动；推进养殖污染防治；着力解决农田残膜污染；深入开展秸秆资源化利用；实施耕地重金属污染治理。其中，实施化肥零增长行动具体任务包括：扩大测土配方施肥在设施农业及果树、茶叶等园艺作物上的应用，基本实现主要农作物测土配方施肥全覆盖；创新服务方式，推进农企对接，积极探索公益性服务与经营性服务结合、政府购买服务的有效模式。推进新型肥料产品研发与推广，集成推广种肥同播、化肥深施等高效施肥技术，不断提高肥料利用率。积极探索有机养分资源利用有效模式，鼓励开展秸秆还田、种植绿肥、增施有机肥，合理调整施肥结构，引导农民积极施用农家肥。结合高标准农田建设，大力开展耕地质量保护与提升行动，着力提升耕地内在质量。

（4）化肥“零增长”行动 2015年农业部下发《到2020年化肥使用量零增长行动方案》，大力推进化肥减量提效。以保障国家粮食安全和重要农产品有效供给为目标，牢固树立“增产施肥、经济施肥、环保施肥”理念，依靠科技进步，依托新型经营主体和专业化农化服务组织，集中连片整体实施，加快转变施肥方式，深入推进科学施肥，大力开展耕地质量保护与提升，增加有机肥资源利用，减少不合理化肥投入，加强宣传培训和肥料使用管理，走高产高效、优质环保、可持续发展之路，促进粮食增产、农民增收和生态环境安全。

（5）果菜茶有机肥替代化肥行动 2017年，农业部制定了《开展果菜茶有机肥替代化肥行动方案》。方案提出，要以果菜茶生产为重点，实施有机肥替代化肥，推进资源循环利用，实现节本增效、提质增效，探索产出高效、产品安全、资源节约、环境友好的现代农业发展之路。行动方案提出要坚持4项基本原则。一是坚持政策引导。落实绿色生态导向的农业补贴政策，支持农民和新型农业经营主体等使用畜禽养殖废弃物资源化产生的有机肥，鼓励农民采取秸秆还田、生草覆盖等措施，减少化肥用量，降低生产成本，改善生态环境。二是坚持分类指导。根据不同区域、不同作物的用肥需求和有机肥资源情况，因地制宜推广符合生产实际的有机肥利用方式，配套相应的有机肥施用设施，做到省工省时、简便易行，让农民愿意用、用得上、有效果。三是坚持创新驱动。积极探索适宜的组织方式和服务方式，集成组装有机肥利用技术模式。采取政府购买服务等多种方式，形成社会多方参与的格局。培育新型服务主体，开展肥料统供统施等社会化服务，加快有机肥推广应用。四是坚持示范带动。选择果菜茶优势产区、核心产区的重点县（市、区），以及畜禽养殖大县（市、区），推进种养结合，加快畜禽养殖废弃物资源化利用，集中打造一批有机肥替代、绿色优质农产品生产基地（园区），发挥示范效应。方案具体目标是“一减两提”。“一减”是指到2020年果菜茶优势产区、核心产区及知名品牌生产基地（园区）化肥用量分别减少20%和50%以上；“两提”是指产品品质和土壤质量明显提高。

（6）秸秆还田扶持政策 我国高度重视秸秆资源的综合利用。一是设置农机购置补贴。《2018—2020年农业机械购置补贴实施指导意见》中将秸秆粉碎还田机、秸秆膨化机、秸秆压块机等秸秆综合处理机械纳入全国农机购置补贴机具种类范围，各地根据农业生产实际需要和补贴资金规模，对纳入全国农机购置补贴机具种类范围的机具应补尽补。二是支持各地开展秸秆综合利用。2019年国家安排农业资源及生态保护补助资金19.5亿元，支持各地开展农作物秸秆综合利用，通过政策引导，激发秸秆还田、离田、加工利用等各环节市场主体活力，引导撬动社会资本和金融资本支持农作物秸秆综合利用，探索可推广、可持续的农作物秸秆综合利用模式，建立秸秆综合利用稳定运行机制。

整体来看，我国目前的政策环境较好，中央做出推进生态文明建设的重大部署，正采取一系列强有力措施，保护生态环境，实行永续发展。

2. 国外促进化肥减施增效的管控措施

许多发达国家农业集约化发展早于我国，化肥等各种农用化学品的高投入引发的农业面源污染问题暴露较早（李芳等，2017）。自20世纪80年代末以来，发达国家已经开始重视化肥施用行为及其引发的农业面源污染问题的研究和治理，对农业生产中过量施用化肥造成的负外部性做出相应的调整。发达国家化肥施用量呈现先快速增长、达到峰值后保持稳中有降或持续下降的趋势，逐步走上了减肥增效、高产高效的可持续发展之路。梳理和研究发达国家在化肥减量施用、控制农业面源污染上采取的主要策略和手段，从中获得可供借鉴的经验，有助于制定适合我国的化肥减量政策，解决我国农业生产中化肥不科学使用问题，从而提高化肥利用效率，实现社会环境效益和经济效益的共赢。结合公共政策手段的分类标准，各个国家在促进化肥减量、控制农业面源污染上采取的主要政策措施大致可归结为3种类型：命令控制型、经济激励型和公众参与型（教育、培训等）（李芳等，2017）。

（1）欧盟化肥减量政策　欧盟国家自20世纪50—80年代化肥用量快速持续增加，导致生态环境恶化，为此欧盟制定了一系列化肥减量政策。欧盟的化肥减量政策包括命令控制型和经济激励型2种。在命令控制型政策方面，主要有《饮用水法令》《硝酸盐法令》《农业环境条例》（郑涛等，2005）。1980年制定的《饮用水法令》为饮用水的许多化学、生物学成分规定了上限，每个成员国必须执行饮用水中NO_3^-含量不得超过50 mg/L的标准（郭鸿鹏等，2008）。1989年欧盟委员会第一次明确提出农业面源污染的正式文件，指出水质问题是由农田与城市硝酸盐的释放引起的（张维理等，2004）。1991年欧盟出台《硝酸盐法令》，要求成员国标定出NO_3^-含量超过50 mg/L或已发生富营养化的水体，并将这些水体的集水流域划定为易受硝酸盐污染区，区内采取强制性的措施以减少营养物质的进一步流失。其中，对农业经济影响最大的一项规定是有机肥料施用量（以N计）每年不得超过170 kg/hm^2，这意味着各国要将原先的施用量大幅度削减（陈广锋等，2013）。1992年6月欧盟部长会议正式采纳了共同农业政策（Common Agricultural Policy，CAP），鼓励农民使用环保型、创新型耕种方式（韩秀娣，2000）。1993年欧盟出台了结构政策的环境标准。

在化肥管理上，一些欧盟国家根据化肥的毒性、用量、使用方法以及对生态环境和公众健康可能造成的危害，加强管理并建立严格的登记制度。1999年正式批准的“2000年议程”，更把对农民的直接支付与环保标准的贯彻情况相挂钩，同时大幅度增加了用于环保措施的资金（Centner et al.，1999）。2000年欧盟水框架指令（WFD）开始生效，该指令集成了已有的法律法规，如《饮用水法令》和《硝酸盐法令》，对各成员国在水环境保护与管理方面提出了统一的目标和要求（Dowd et al.，2008），是近几十年来欧盟水资源管理领域最重要的指令。WFD具有极强的操作性，为各成员国的每一步行动规划规定了明确的截止期限。其中，2000—2003年为各成员国的准备期，2004—2008年是流域管理计划的实施准备期，2009—2015年为计划实施期和目标期，2015年开始新一轮协商和实施周期规划（王强和张晓琦，2014）。欧盟各国还颁布养分限量标准。以上政策和标准的实施使欧洲氮、磷化肥用量随之分别下降30%和50%，而仍保持粮食产量稳定（Centner，1999），农田环境及生态环境得到了较大改善。

在上述文件的要求和指导下，各成员国也根据本国实际情况修订和制定相应的化肥减量控制政策。如英国在20世纪80年代末依据欧盟《硝酸盐法令》，基于水中硝酸盐含量是否超过或接近50 mg/L这一标准，在英格兰和威尔士划定了32个硝酸盐脆弱区（陈广锋等，2013）。区内的农民在自愿的基础上，与政府签订为期5年的限制农业活动的协议，明确规定不施或限量施用化肥，而农民的损失则按土地面积得到补偿津贴，这些补偿在各个硝酸盐脆弱区之间和每个硝酸盐脆弱区之内均有所不同，补贴额度为65~625英镑/hm^2（伊晓云等，2018；2020年1英磅约合8.85人民币）。农民可以用部分或者全部土地来参与该计划。除此之外，还设置了禁止施肥的封闭期，并对化肥施用方法提出了要求（邱君，2007）。到1998年，在英国所有规划区中，已经有58%左右的土地符合条件，参加了该计划，其中有21%的土地还进一步参加了奖励性耕作计划。监测显示，该计划已经使受影响地区的硝酸盐流失量有所降低。有证据表明硝酸盐脆弱区计划带来的环境利益的价值已经大大超过了该计划的成本（高超和张桃林，1999）。另外，英国农业部出版了《推荐施肥技术手册》，农民可购买也可从该部网站上免费下载。该手册对土壤进行了分区和分类的施肥推荐指导。要求每个农户拥有一本，用于指导农民施肥。在氮肥风险区，农民必须按手册推荐的施肥量施肥，而且还对施肥时期和有机肥的最大用量提出了严格的要求。但在普通耕作区，政府不强制农民按手册上的推荐施肥量施肥（杨帆，2010）。氮肥风险区是英国政府在欧盟肥料条约的框架下，为保护环境，防止过量施肥造成地下水中硝酸盐超标而划定的区域。2007年英国政府已将全国52%的耕地划为氮肥风险区，2008年覆盖70%以上的耕地，2010年约达到100%。

欧盟各成员国所采用的经济激励型化肥减量政策，包括调整农产品价格、排污收费、对化肥生产和销售课税和对为减少养分排放而改变耕作方式的农民给予补贴和技术支持等，激励和鼓励农民自愿使用环保型、创新型耕种方式（Dosi，1994），惩罚违反农业环境法规的情况。其中，税收手段是各国较为常用的手段，如荷兰于1998年开始使用MINAS（Mineral Accounting System）系统控制化肥施用，其控制对象是养分的剩余或流失。在这个系统之下，每个农民的养分投入和产出情况都被记录下来。如果其养分剩余或流失在规定的标准之内，则无须交税；如果超出标准，则须要缴纳较高的税。随着免税的标准越来越严，超出标准的税率也越来越高。尽管监测数据显示荷兰地下水的养分浓度在1992—2000年有所下降，但是这项政策仍然由于其高昂的执行费用（特别是监测费用）以及对于环境质量贡献的不确定性受到质疑（金书秦等，2009），加之在适用农场类型问题上存在争议（汤红娜和甄亚丽，2012），MINAS系统最终失去了支持，于2006年1月被废除。此外，奥地利、德国、挪威、芬兰、丹麦、匈牙利、瑞典、西班牙和英国都对农户的化肥施用征收了有关农业面源污染的投入税；比利时也对未被农作物吸收而残留于环境中的有机肥和无机肥征收有关农业面源污染的环境税。采用税收手段实现化肥减量的程度是有限的，农户农业生产条件的异质性和过高的监测成本、农业面源污染本身所具有的特征等因素使得这种投入税和环境税的政策目标在实践中很难实现（张宏艳，2006），而且这些国家针对农户农业面源污染所征收的投入税或环境税更多地被用作是增加国家财政税收的工具，而不是纠正农户农业生产行为的外部性问题（O'Shea and Wade，2009；朱兆良，2006）。

欧盟国家基于税收的化肥减量政策不仅改善环境的效果不明显，而且对本国农民收入和农业发展造成了较大的影响。另外，随着技术的不断进步，化肥价格有所下降，作为化肥价格的一部分，化肥税带来的化肥减量影响会随之变弱，并最终导致无效。而命令控制型化肥减量政策由于是强制的，从政策开始付诸实施时起，农户就必须按照法律或政策规定调整其农业生产投入、减少化肥使用以达到政策目标。因此，相比之下，欧盟命令控制型化肥减量政策在实践中更为有效。

（2）美国化肥减量政策　美国主要依托最佳管理实践（Best Management Practices，BMPs）实现化肥减量的政策目的。1972 年美国国家环保局（USEPA）针对农业面源污染问题首次提出 BMPs，并将其定义为“任何能够减少或预防水资源污染的方法、措施或操作程序，包括工程、非工程措施（即管理措施）的操作和维护程序”（Shortle and Abler，2001）。BMPs 侧重对于源的管理而不是污染物的处理（杨增旭，2012），实质上是指在获得最大的粮食、纤维生产的同时，能科学地使农业生产的负面影响达到最小的生产系统和管理策略的总称。

工程措施主要包括增加湿地、植被缓冲区和水陆交错带等，来降低污水的地表径流速度，以拦截、降解和沉降污染物。管理措施分为养分管理、耕作管理和景观管理 3 个层次，这 3 个层次虽然在空间尺度上不同，但在效果上互相配合，都围绕最大的保证物质循环的效率，减少元素的输出损失原则，满足植物生长需求的同时降低对环境的影响。其中，养分管理是通过对项目本身设置控制性的技术标准以进行源头控制，包括对水源保护区农田轮作类型、施肥量、施肥时期、肥料品种和施肥方式的限定（冯思静等，2010）。在应用中，BMPs 要根据区域特征、污染状况和技术条件确定具体的管理措施和工程措施，并随时间变化和实施效果及时做出改进和调整。现已提出的 BMPs 主要有少耕法、免耕法、限量施肥、综合病虫害防治、防护林、草地过滤带、人工水塘和湿地等（Maureen and Oates，1992）；与此相关的控制技术有农田最佳养分管理、有机农业或综合农业管理模式和农业水土保持技术措施等。

BMPs 的具体实施中还包括一些经济手段，即联邦政府拨付了专门的项目资金，对自愿采纳 BMPs 的农户给予财政补偿、技术支持和相关金融支持，通过经济激励或创建市场改变农民的成本利益结构，促使农民自觉采用环境友好的替代技术，从而间接引导其减少化肥使用量（O'Shea，

2002)。由于 BMPs 的实践可以微调以适合特定的地点，加之其易于低成本执行的优点，在美国越来越受欢迎，成为美国控制农业面源污染的主要选择，并取得了显著的成效。据美国调查评估报告显示，1990 年美国面源污染约占总污染量的 2/3，其中农业面源污染占面源污染总量的 68%~83%，经过 10 多年的有效治理控制，2006 年的农业面源污染面积已比 1990 年减少了 65%。

另外，美国于 20 世纪 60 年代在每个州成立测土施肥工作委员会，负责本州测土施肥体系的建立、施肥技术研究、定期对土壤测定数据进行校验等工作，为较准确和科学地推荐施肥提供技术指导和政策制定。2002 年 5 月 13 日，美国通过了《2002 年农场安全与农村投资法案》，显著加大了对农业生态环境的保护力度，推进农业可持续发展。同时，农业投入品的管理在美国也得到了重视和加强，农产品安全意识普遍得到共鸣。目前，美国的生态农场已发展到 2 万多个，这些生态农场成为美国土壤保护的"试验田"，除了实施精准农业外，他们在节水、减药、病虫害绿色防控及有机肥制造和利用等方面都起到了很好的示范作用(刘丽伟，2006)。美国大部分大型农场的共同特征是农养结合，且种植业结构的调整决定养殖业规模，农场注重在饲料、肥料等方面的种养业之间相互促进与相互协调关系，养殖场的动物粪便或通过输送管道或直接干燥固化成有机肥归还农田，既防止环境污染又提高了土壤的肥力(徐更生，2007)。

(3) 韩国化肥减量政策　韩国主要实施亲环境农业与土壤管理（朱立志等，2015)。亲环境农业主要是指遵守农药安全使用标准和农作物施肥标准、规范使用家畜饲料添加剂等种养业活动，使得农（畜）产品生产有利于保护环境和安全生产。亲环境农业的发展直接是应对化肥、农药使用过多而导致的土壤退化和土地生产力降低，从而促进农业的可持续发展。同时，亲环境农业也是针对农业污染严重的局面，这种局面危及食品安全并削弱了农业的国际竞争力（王俊，2014)。

20世纪70年代，韩国民间团体自发进行的有机农业实践活动是亲环境农业的起始。21世纪以来，韩国政府为了大幅度促进亲环境农业的发展，采取了一系列政策措施（闻海燕，2011）。这些措施包括如下几个方面。

第一，制定专项法规。2001年1月，韩国政府修订了1997年颁布的《环境农业培育法》，并改称为《亲环境农业培育法》，该法对亲环境农业概念，发展方向以及政府、农民和民间团体应履行的责任进行了明确，奠定了促进亲环境农业发展的制度基础（乌裕尔，2007）。

在《亲环境农业培育法》中，亲环境农业是指协调农业和环境，使农业生产可持续发展的所有农业形式，而不仅仅是自然农业或有机农业等部分农法。可以看出，亲环境农业的内容十分丰富，涉及最大限度地减少化学生产资料使用、病虫害绿色防控与综合防治、农作物养分综合管理、通过轮作或间作等培养地力等方面，并兼顾农业生产的经济性、环境保护的有效性以及农产品质量的安全性。

《亲环境农业培育法》明确了政府、农民和民间团体在促进亲环境农业发展方面所应履行的责任。它要求亲环境农业相关基本计划和政策由中央政府制定，例如，每5年农林部必须按法定要求制定《亲环境农业培育计划》，提出并实施综合性措施促进、振兴亲环境农业；根据管理区域的地域特点，地方政府应制定和实施亲环境农业操作计划；农民放弃使用化学生产资料等环境不友好型农耕方式，相关民间团体也应协助政府积极参与亲环境农业措施的实施，提供必要的生态环境保护教育、训练、技术开发、经营指导等，为发展亲环境农业努力贡献。

第二，建立强有力的支撑制度。要提高农业生产者在亲环境领域的积极性、有效流通并销售亲环境农产品，一方面需要给予从事亲环境农事活动适当激励，另一方面需要加强认证管理，保障亲环境条件下生产出来的农产品的品牌权威性，防止鱼目混珠，使生产优质安全农产品的农民得到应有的回报。故此，韩国政府建立了亲环境农产品认证标识制度和直接支付制度，以提高亲环境农业行为的积极性，促进亲环境农产品的有效流通和销售（金钟范，2005）。

第三，制订、实施系列促进计划。根据《亲环境农业培育法》，韩国政府提出了《亲环境农业培育五年计划》。该计划基于农业与环境协调、农业可持续发展的两大基本目标：其一，针对不同的区域条件、农民经营规模、农作物特点，通过确立适宜的亲环境农业体系，提高农民收入和产品质量安全性；其二，为保护农业环境，增进农业的多功能性公益职能，确立与农、畜、林相联系的自然循环农业体系。同时，该计划为实现上述基本目标提出了八大任务，即建立亲环境农业发展基础、研发亲环境农业技术、推广亲环境农业实践模式、促进综合性农地培养及畜禽粪尿资源化、支援亲环境农业培育、搞活亲环境农产品流通、强化国际协作和改善山林环境。

(4) 日本化肥减量政策　日本的化肥减量政策主要是在全国广泛推行环保型农业的背景下不断推进的。日本于20世纪90年代初提出发展“环境保全型农业”，重点是减少农田盐碱化、农用化学品面源污染和提高农产品质量安全。日本的农业生产在实践中是以有机农业为首，并按环境要求对农产品进行了具体的分类，如特别栽培农产品、资源再生农产品、有机农产品等。特别栽培农产品中的“特别”是相对于正常培育的农产品而言的，该种栽培技术是指在农产品栽培过程中同比例减少所使用的化肥和农药，并且节约额一般在50%以上；资源再生农产品是一种在农产品生产过程中主要利用作物秸秆、畜禽粪便等废弃物进行农业生产，实现对有机资源再生利用的农产品。有机农产品是在农产品生产过程中通过实现生产有机化，即采用降低土壤消耗技术、土壤改良技术、轮作技术等，对植物、动物生长的自然规律进行充分利用以达到保持并提高农业产量的目的。以上3种农产品生产方式是“环境保全型农业”的典型代表，它们共同体现了日本“环境保全型农业”减量化、再生化、有机化的实施途径与最终目标。为了保证农产品的顺利生产与“环境保全型农业”的广泛推行，日本政府协同各方共同构建与完善了一个现代农业环境政策体系。该体系囊括了法律制度、技术研发、政策扶持等内容。

1994年日本在国家层面的农林水产省、都道府县和准备推行环境保全型农业的市町村层面分别设置了“农林水产省环境保全型农业推进本部”“都道府县推进协议会”“环境保全型农业推进方针制定委员会”。此外，在农林水产省的支持下，日本全国农协中央会建立了“全国环境保全型农业推进会议”，委员由生产者、消费者、食品企业、大学教授和政府官员等组成，是一个非官方的民间组织。1996年日本“农林水产省环境保全型农业推进本部”将环境保全型农业定义为“要充分发挥农业所拥有的物质循环功能，不断协调与生产力提高间的关系，通过土壤复壮，减少化肥、农药的使用，减轻对环境的负荷，是具有持续性的农业”（杨秀平和孙东升，2006）。为保证环保型农业的实施，1999年日本颁布了被称作新农业基本法的《食物、农业、农村基本法》，以及被称作“农业环境三法”的《持续农业法》《家畜排泄物法》《肥料管理法（修订）》（李筱琳和李闯，2014），并采取上下结合、充分调动社会民间力量的做法来推广环境保全型农业。

在政策方面，日本环保型农业的建设主要包括采取舆论宣传、政府支持、农协引导、生产者与消费者对话和市场拉动等。

一是从2000年开始推行有机农产品、特别栽培农产品、生态农户等认证与标识制度（焦必方和孙彬彬，2009），这不仅可以通过市场选择来引导农业生产者发展环境保全型农业，而且可以通过扩大社会认同使积极践行环境保全型农业的农户利益得到保障；日本农林水产省于2005年3月制定了《环境调和型农业生产活动规范》（以下简称《农业环境规范》），在作物生产方面，内容包括杂草与病虫害防除、生产活动记录保存、新知识和信息的收集、废弃物处理与利用、肥料使用、土壤管理、能源节约等措施；虽然《农业环境规范》并不是一部法律，没有国家强制力保证实施，只能依靠农民的主观自觉性来推进，但是政府往往将其作为农民能够申请到政策性贷款、享受到政府补贴等支持措施的最低门槛，这有力地推进了《农业环境规范》的广泛推行。随后于2006年颁布《有机农业促进法》，并定期修改有机农产品标准。

二是从政策、贷款、税收上对环保型农户给予支持，提高环保型农户的经济效益和社会地位，推动环保型农业建设。如从2007年开始，对符合标准的确定为环保型农户的，实行硬件补贴、无息贷款支持和税收减免等优惠政策。从2011年开始，生态农户可以享受到政府的直接补贴（Colledani and Gershwin，2013）。

三是发挥日本有机农业研究会、保护大地会、主妇联合会、消费科学联合会、消费者联盟、生活协同组合以及由他们联合起来的全国消费者团体联络会（陈瑜，2000）等农业发展社会团体的宣传和推动作用，通过将各级政府和各社会阶层，特别是农村基层和广大农户需要有效地结合在一起，实现上下结合的良性互动，从而引导全社会积极参与和共同推进。此外，土壤复壮技术、化肥减量技术和化学农药减量技术等环境保全型农业技术措施的发展也对政策的顺利实施起到了支撑作用。通过采取各种有效的农业治理措施，日本的农业环境得到了很好的改善，也切实实现了化肥减量的政策目标。统计数据表明，2000年日本501 556户实施环境保全型农业的农户中，仅就氮肥使用而言，未使用农户为32 053户，占6.4%；低于习惯使用量50%以下的农户为314 215户，占62.6%（焦必方和孙彬彬，2009）。2005年日本认定的生态农户有近10万户，到2011年则增加至21万户。2013年日本环保农业生产面积已达4.5万hm^2（胡博等，2016）。

（5）其他国家化肥减量政策　以色列、英国及荷兰等国家也制定了相关测土配方技术标准与管理措施，建立了区域范围内配方指导方案与施肥科学专家系统。加拿大制定了《肥料法令》和《肥料管理条例》，促进肥料的合理施用。

（三）对我国的启示

许多发达国家农业集约化发展早于我国，化肥等各种农用化学品的高投入引发的农业面源污染问题暴露较早。自 20 世纪 80 年代末以来，发达国家已经开始重视化肥施用行为及其引发的农业面源污染问题的研究和治理，对农业生产中过量施用化肥造成的污染做出相应的调整。发达国家化肥施用量呈现先快速增长、达到峰值后保持稳中有降或持续下降的趋势，逐步走上了减肥增效、高产高效的可持续发展之路。我国化肥高投入带来的环境污染风险日益加大，引起了专家和管理部门的高度重视，于 2015 年制定了《到 2020 年化肥使用量零增长行动方案》，指出“力争到 2020 年，主要农作物化肥使用量实现零增长”，促进环境友好型农业的发展，减少来自种植业源农业化学投入品所带来的环境污染。

综合比较欧盟、美国、日本等发达国家（地区）的化肥减量政策的具体做法和实施效果，发现各国化肥减量政策在环境取向制定时有如下共同特征。

一是命令控制型和经济激励型政策手段混合使用（李芳等，2017）。虽然各国国情存在较大差异，但在化肥控制手段的实施上均是依照法律的强制遵守义务与市场引导措施相结合，这样可以满足不同层次的环境保护的需要。为了对农业环境恶化的现状进行有效治理，需要建立与完善我国的农业环境保护法律体系；在运用法律强制力的同时，还应对道德的力量加以重视，切实培育农民的环境保护意识，加强农民的自制力。同时，提出设置一个所有生产者都必须达到的最低标准，然后通过自愿和市场激励来实现进一步降低（Eisner，2004；Potoski and Prakash，2004）；而且这种因地制宜、因人而异的政策设计提供了多种选择，有利于行为人根据这些选择的成本效益分析做出最符合自身利益的选择，体现了政策的灵活性和效率（汤红娜和甄亚丽，2012），可能更符合成本效益（Kampas et al.，2002）。

二是对环境友好型农业发展所需的技术、措施、人才、资金等要提供大力支持，对农业技术、农产品质量、农业环境保护加以特别重视，从而为环境友好型农业的顺利推广提供有效的技术支持。为保证化肥减量政策的有效实施，各国都注重环境友好型替代技术的研发，制定了有效的管理措施，这也是保证农民在减少化肥施用量时保障产量的关键。优先发展操作简单、经济实用的替代技术供农民广泛采用，从提高农业生产技术水平层面减少种植业源污染。

三是要提高公众参与程度。日本在化肥减量控制上更多采取公众参与型政策，通过民间组织和有机农业团体的宣传和拉动，鼓励全民参与到环保事业中来，其主要优点在于，由于不是强制性的，在多数情况下很少需要监督管理，故而管理成本最低；同时，通过公众参与的政策手段提高农户化肥减量施用的意识和组织化程度，也能在一定程度上为农户进一步减少化肥施用量提供动力。

四是要完善绿色食品、有机食品的认证制度。国外对绿色食品、有机食品的管理和发展较为重视，在绿色食品、有机食品生产过程中对所用的化学投入品有了控制，一定程度上对减少农用化学品投入起到了积极作用。但是我国是人口大国，以解决粮食安全为主要根本，在绿色食品、有机食品的发展较为缓慢。在保障粮食安全的基础上，吃得更优更好是将来的发展方向。因此，可以通过制定操作性、实用性强的标准认证体系去规范农业生产行为和市场秩序，维护生产者的合法利益，进而实现调动农民推进“环境友好型农业”发展的主观能动性与积极性的目标，减少种植业源环境污染。

五是加强宣传培训。应利用各种渠道加大从事农业生产的人员对来自化肥、农药、农膜等农用化学品污染的认识，提高环境保护意识，加大对环境友好型农产品的宣传力度，激发消费者对无公害、绿色食品、有机食品的消费热情，反向引导农业生产者科学合理投入农用化学品，减少种植业源环境污染。

六是系统推进，集成发展。农业系统是一个复杂的有机系统。农业相关政策实施必须有综合配套的措施才能有效进行。化肥减施增效是农田施肥管理的一个重要内容，制定化肥减施增效的政策与措施需与农田水利基础设施建设、水土保护、有机质提升以及土壤、种子、农药、畜禽粪便资源化利用等多方面相结合，进而提出促进化肥减施增效系列计划，并集成循环农业发展模式，才能实现农田可持续利用。

二、农药减施增效技术与管控措施

我国农业生产中农药施用也存在一些问题，主要表现在：农民若在3级以上风力的情况下喷施农药，20%左右的药液会随风随水流失，进入大气、水体和土壤；大多数农民不能科学判断是虫害防治还是病害防治，导致农药选择不对，增加了农药污染源；农民加大农药用量，导致害虫抗药性增强，从而进一步加大农药用量，如此形成恶性循环；大量废弃的农药包装袋、瓶等被直接丢在地头、河道、池塘等，造成次生污染。

（一）农药减施增效技术进展

1. 国内农药减施增效技术

我国种植业中的农药控害增效主要是应用物理、化学、生物等防控技术，创建有利于作物生长、天敌保护而不利于病虫害发生的环境条件，控制病虫害发生，从而减少化学农药的施用量（武留超，2018）。

（1）物理诱控技术　主要包括灯诱技术、色诱技术和性诱技术。灯诱技术是指害虫都具有一定的趋光性，因此可以在田间安装诱虫灯，使三化螟、黏虫、稻飞虱等翅目和同翅目害虫的落卵数量有效降低，减少虫口基数。色诱技术是指利用害虫的趋黄性，使用黄色粘虫板对害虫进行诱杀的技术，主要针对蓟马、叶蝉、稻飞虱等小型害虫。性诱技术是一种绿色、环保和安全的防虫技术，专一性强且不伤害天敌。

（2）化学防控技术　农业实际生产中虫害防治时期、灾变机制、正确选药的信息不能融合互通，造成病虫害诊断、防控不及时，导致农药使用精准性和时效性差。应研究适时防治、正确选药、合理用量、精准施药的综合技术，以达到农药适时、高效、减量使用的目的。

（3）生物防控技术　通过对有益生物或是生物的代谢产物进行合理利用，从而达到有效防止有害生物的效果。生物防控技术的方法包括有益生物治虫、以虫治虫、以菌治虫等。例如在水稻生产前期利用天敌治虫的方法，即利用青蛙、蜘蛛、隐形虫等一些具有捕食特性的天敌来防治害虫。

（4）生态调控技术　通过对农业生产过程中所涉及的土壤、肥料、灌水、温度等小气候进行科学合理调控，提高植株对有害生物和自然环境的抵抗力，从而降低农药用量。在应用中，要选择具有抗病耐虫的农作物品种。通过科学的耕作方式进行合理布局，采用配比施肥、有机无机配施、排灌、种养结合、轮作倒茬等方式，恶化害虫的生活环境，减少农药用量。

（5）其他农艺措施技术　通过改善设施农业的技术装备，改善设施内微域小气候湿度、温度等环境，更有利于作物健壮生长，增强其抵抗病虫害的能力，从而减少农药的施用。例如在日光温室内采用的水肥一体化技术可使湿度降低 8.5%~15.0%，温度提高 2~4℃，病虫害的阻控使腐果、烂果率降低，从而使作物增产 10%~20%，同时降低果实的农药残留，改善作物品质，是我国绿色和可持续农业发展的关键设施装备（高鹏等，2012）。另外，增施有机肥也可以增强作物抗性，降低病虫危害，减少农药用量。

2017 年全国农业技术推广服务中心公布《2017 年农药减施增效技术示范方案》。主要技术包括：一是加强病虫监测预警，减少用药防治次数。强化病虫测报体系建设，准确掌握病虫发生发展动态，及时开展病（虫）情会商和预报发布，严格按照农药安全间隔期要求，坚持适期防治，避免盲目用药。二是推广绿色防控技术，降低化学农药使用。因地制宜开展病虫害绿色防控技术，大力推广生物农药，选用高效环保型农药品种组成最佳用药组合，减少化学农药的过量使用。另外，可选用有机硅、激健等助剂，增加药剂附着率；使用碧护、氨基寡糖素等，提高植株的抗逆能力。三是推进专业化防治，提升农药应用水平。通过组织农作物病虫害专业化统防统治，提高病虫害防治技术到位率，减少盲目用药，降低农药使用量，保障农产品质量安全。四是应用高效施药器械，提高农药利用率。根据农作物病虫防治实际，应用新型高工效植保机械，掌握最佳用水量与使用方法，实施精准施药，提高农药利用率和防治效果。

2. 国外农药减施增效技术

（1）韩国农药减施增效技术　韩国为减少农药施用量，采用了多样化病虫害防控技术，力争减少对环境的污染。一是采用遗传生物学技术，培育抗病能力强的品种，促使农业生产向免用农药化、品种优良化发展。二是利用微生物或害虫天敌防控病虫害，为免用农药化奠定基础。三是建立农药施用安全标准，并按标准严格执行。

（2）丹麦农药减施增效技术　丹麦积极探索发展有机农业，尽可能地减少农药等化学品投入，实现农业与环境的和谐发展。在发展有机农业的过程中，为达到更好的病虫害防控效果，丹麦农场采用轮作的种植方式，以减少病虫害的发生。轮作一般按照蔬菜-大田作物-牧草等农作物类型展开，周期通常为5~6年（夏语冰，2013）。除此之外，丹麦还大力推广物理、生物等防控办法，比如调整播种期，或利用害虫天敌，或粘虫板诱捕，或铺设捕虫网等，将被动杀灭害虫转为主动预防，也在一定程度上实现了农药减量施用。

（3）加拿大农药减施增效技术　加拿大采用的技术主要包括组建农药分析实验室、植保机械及施药技术研究与开发、有害生物综合防治技术、非化学防治替代技术、新有害生物防治及喷洒技术等。通过实施农药减量计划，安大略省1987—1998年，每公顷农药施用量减少33.4%，每吨作物农药施用量减少41.8%，环境风险降低39.5%，提前3年实现了农药减少施用量52%的目标（邵振润，2014）。

（4）日本农药减施增效技术　日本采用的农药减量技术主要包括抗

性植物栽培技术、多孔地表覆盖栽培技术、机械除草技术、动物除草技术、生物农药施用技术、性激素技术等（陈润羊，2011）。比如利用害虫天敌、寄生生物替代杀虫剂，或采用轮作方式适当种植对土壤中病虫害有抑制作用的植物，或采用无纺布、农膜覆盖植物，从而使作物与害虫隔离，或利用性激素诱捕或阻止害虫交配繁殖，最终减少杀虫剂施用次数与施用量。

（5）美国农药减施增效技术　美国最常用的就是BMPs，在美国农业面源污染控制中，BMPs起到了不可替代的作用（邱卫国，2005）。在农药管理方面，BMPs旨在对农田杂草、病虫害进行综合管理。内容除了采用非化学性农药控制方法外，还包括商业杀虫剂的正确使用，以及相关有毒物质如除草剂、杀虫剂、灭鼠剂和杀菌剂的正确施用等。主要包括如下内容。一是根据推荐的措施种植和管理作物。二是根据害虫的敏感性（生命周期）、温度、风和湿度条件等，在最可能有效的时候使用农药。三是根据说明书处理、准备和使用农药。四是校正施药装置，保证正确和精确的用药量。五是设计特定的场所储存农药原药，进行混合加工、装载等活动，以及存放废弃物，并在这些地方做好标志。这些场所应该与外部隔开并且加盖，这样那些溢出物就能被截留在不透水的地板上，容易清理且不会影响地表和地下水体。六是将那些不用的和待用的农药存放在安全的地方或加锁的地方。七是协调好灌溉时间，最大程度地减小农药通过径流进入地表水体或渗漏到地下水。八是开展农田病虫害综合防治，包括作物轮作、利用天敌、制订时间表以避免害虫繁殖高峰，以及种植防害虫植物等。这些措施的目的在于保证作物产量最大化的同时，使地表水和地下水的污染风险最小化，并且对野生动物及其生境的影响减少到最小。

（二）促进农药减施增效的管控措施

1. 国内促进农药减施增效的管控措施

（1）相关法律法规　为管理和引导生产者科学用药，防止出现过量使用农药等问题，我国多部现行法律都有相关规定（王品舒等，2017）。其中，《中华人民共和国农业法》（2013 年 1 月 1 日起施行）第五十八条、《中华人民共和国环境保护法》（2015 年 1 月 1 日起施行）第四十九条、《中华人民共和国水污染防治法》（2008 年 6 月 1 日起施行）第四十七条、《中华人民共和国清洁生产促进法》（2003 年 1 月 1 日起施行）第二十二条均提出要求农业生产者合理使用农药。《中华人民共和国水污染防治法》第四十八条规定：县级以上地方人民政府农业主管部门和其他有关部门指导农民合理使用农药，防治过量使用。《中华人民共和国农业法》第六十五条、《中华人民共和国食品安全法》（2015 年 10 月 1 日起施行）第十一条鼓励生产者采取生物措施或者使用高效低毒低残留农药进行防治。另外，《中华人民共和国环境保护法》（2015 年 1 月 1 日起施行）等法律法规也对农药使用有相关规定。2017 年国务院修订了《农药管理条例》，重点强化了管理机制、加强了监管力度、提高了农药生产经营使用的违法成本。其中，第三十二条对农药使用减量工作做出相关规定，国家通过推广生物防治、物理防治、先进施药器械等措施，逐步减少农药使用量；县级人民政府应当制订并组织实施本行政区域的农药减量计划。同时，要求县级人民政府农业主管部门鼓励和扶持设立专业化病虫害防治服务组织、指导农药使用、指导农药使用者有计划地轮换使用农药，减缓有害生物的抗药性。

（2）相关政策规划　2015—2016 年，国务院根据防治水污染和土壤污染工作需要，制定了《水污染防治行动计划》（2015 年 4 月 2 日印发）、《土壤污染防治行动计划》（2016 年 5 月 28 日印发），其中多项内容涉及农药使用减量工作。例如，《水污染防治行动计划》提出，推广低毒、低残留农药使用补助试点经验，开展农作物病虫害绿色防控和统防统治；到 2020 年，农作物病虫害统防统治覆盖率达到 40%以上。《土壤污染防治行动计划》第八条提出：“农村土地流转的受让方要履行土壤保护的责任，避免因过度施肥、滥用农药等掠夺式农业生产方式造成土壤环境质量下降。”第十一条提出：“严格控制林地、草地、园地的农药使用量，禁止使用高毒、高残留农药。完善生物农药、引诱剂管理制度，加大使用推广力度。”第十九条提出：“科学施用农药，推行农作物病虫害专业化统防统治和绿色防控，推广高效低毒低残留农药和现代植保机械”“到 2020 年，全国主要农作物化肥、农药使用量实现零增长，利用率提高到 40%以上。”

2015 年农业部提出“打好农业面源污染防治攻坚战”的战略部署，围绕“一控两减三基本”的目标，实施农药零增长行动。行动指出，加快绿色防控技术推广，因地制宜地推广适合不同作物的技术模式。建设自动化、智能化田间监测网点，构建病虫监测预警体系。提升植保装备水平，发展一批反应快速、服务高效的病虫害专业化防治服务组织；大力推进专业化统防统治与绿色防控融合，有效提升病虫害防治组织化程度和科学化水平。扩大低毒生物农药补贴项目实施范围，加速生物农药、高效低毒低残留农药推广应用，逐步淘汰高毒农药。

2015 年农业部印发《到 2020 年农药使用量零增长行动方案》，提出要坚持“预防为主、综合防治”的方针，树立“科学植保、公共植保、绿色植保”的理念，依靠科技进步，依托新型农业经营主体、病虫防治专业化服务组织，集中连片整体推进，大力推广新型农药，提升装备水平，加快转变病虫害防控方式，大力推进绿色防控、统防统治，构建资源节约型、环境友好型病虫害可持续治理技术体系，实现农药减量控害，保障农业生产安全、农产品质量安全和生态环境安全。到 2020 年，初步建立资源节约型、环境友好型病虫害可持续治理技术体系，科学用药水平明显提升，单位防治面积农药使用量控制在近 3 年平均水平以下，力争实现农药使用总量零增长。在绿色防控方面，主要农作物病虫害生物、物理防治覆盖率达 30%以上，比 2014 年提高 10 个百分点，大中城市蔬菜基地、南菜北运蔬菜基地、北方设施蔬菜基地、园艺作物标准园全覆盖。在统防统治方面，主要农作物病虫害专业化统防统治覆盖率达 40%以上，比 2014 年提高 10 个百分点，粮棉油糖等作物高产创建示范片、园艺作物标准园全覆盖。在科学用药方面，主要农作物农药利用率达40%以上，比2013年提高5个百分点，高效低毒低残留农药比例明显提高。

具体采取的技术路径要在“控、替、精、统”4个方面下功夫。一是“控”，即控制病虫害。应用农业防治、生物防治、物理防治等绿色防控技术，创建有利于作物生长、天敌保护而不利于病虫害发生的环境条件，预防控制病虫发生，从而达到少用药的目的。二是“替”，即高效低毒低残留农药替代高毒高残留农药、大中型高效药械替代小型低效药械。大力推广应用生物农药、高效低毒低残留农药，替代高毒高残留农药。开发应用现代植保机械，替代跑冒滴漏落后机械，减少农药流失和浪费。三是“精”，即推行精准科学施药。重点是对症适时适量施药。在准确诊断病虫害并明确其抗药性水平的基础上，配方选药，对症用药，避免乱用药。根据病虫监测预报，坚持达标防治，适期用药。按照农药使用说明要求的剂量和次数施药，避免盲目加大施用剂量、增加使用次数。四是“统”，即推行病虫害统防统治。扶持病虫防治专业化服务组织、新型农业经营主体，大规模开展专业化统防统治，推行植保机械与农艺配套，提高防治效率、效果和效益，解决一家一户“打药难”“乱打药”等问题。

2017年全国农业技术推广服务中心公布《2017年农药减施增效技术示范方案》。方案提出，通过建立水稻、小麦、苹果病虫害农药减施增效技术示范区，组织高效环保型农药新产品新剂型，以及精准施药、减施增效技术试验示范与推广，形成作物全生育期农药减施增效技术规程，使示范区内生物农药使用量增长5%以上，化学农药使用总量减少15%以上，病虫危害损失控制在5%以下。

（3）相关标准导则　2011年《农药使用环境安全技术导则》正式实施，该标准明确规定了农药环境安全使用原则、阻止污染环境的技术措施和管理措施等内容。以保护环境为原则，遵循“预防为主、综合防治”的环保方针，不使用剧毒农药、持久性类农药，减少使用高毒农药、长残留农药，使用安全、高效、环保的农药，鼓励推行生物防治技术。保护有益生物和珍稀物种，维持生态系统的平衡。以科学用药为原则，农药使用应遵守有关规定，并按照农药产品标签和说明书中规定的用途、使用技术与方法等科学施药。提出了防止环境污染的技术措施，包括防止地下水污染的技术措施、防止地表水污染的技术措施、防止危害非靶植物的技术措施、防止危害环境生物的技术措施；提出了防止污染环境的管理措施，包括防止农药使用污染环境的管理措施和防止农药废弃物污染环境的管理措施。

2016 年国家质检总局、国家标准委发布《农业社会化服务农作物病虫害防治服务质量评价》标准（GB/T 33311—2016），规定了农作物病虫害防治服务质量评价的基本要求、评价程序、评价方式方法、评价内容等，该标准可以用来评价农作物病虫害防治服务质量，也可为农民防治农作物病虫害提供依据。

2019 年农业农村部、国家卫生健康委和市场监管总局联合发布《食品安全国家标准　食品中农药最大残留限量》（GB 2763—2019），该标准规定了 483 种农药 7 107项最大残留限量，与 2016 年相比新增农药品种 51 个、残留限量 2 967项，涵盖的农药品种和限量数量均首次超过国际食品法典委员会要求的数量，标志着我国农药残留限量标准迈上新台阶（中华人民共和国农业农村部新闻办公室，2019）。

2. 国外促进农药减施增效的管控措施

（1）韩国农药减量政策实践　在韩国，为了追求高产，农业生产严重依赖高投入，突出表现为大量施用农药（李学荣等，2016）。农药过量施用导致生态系统破坏、土壤污染、水污染以及农产品农药残留。基于此，韩国政府于 1994 年设立促进“亲环境农业”行政组织，1999 年实施“亲环境农业”直接支付制度，2001 年重新修订《亲环境农业培育法》，逐步制定和实施一系列“亲环境农业”政策，探索发展“亲环境农业”，以更好地协调农业生产与环境保护之间的关系，并最终实现农业生产的可持续。

①制定专门法律。2001 年 1 月，韩国将 1997 年颁布的《环境农业培养法》修改为《亲环境农业培育法》，从而奠定了发展“亲环境农业”的制度基础（金钟范，2005）。该法律规定，发展“亲环境农业”，应尽可能地减少农药的施用，通过农作物养分综合管理、病虫害综合防治、利用害虫天敌和生物学技术等方法，结合轮作、间作等方式，实现农药减量施用目标。同时，该法律明确了农民农药减量的责任，也为奖励农民农药减量行为提供依据。

②实行亲环境农产品认证标示制度。为鼓励农民从事“亲环境农业”，保障农民权益，促进亲环境农产品流通，2001 年 7 月，韩国开始实行亲环境农产品认证标示制度（金钟范，2005）。产品的经营管理、质量管理等事宜，须由有资质的专门认证机关进行严格审核，再根据审核结果，最终确定农产品的亲环境水平等级。为便于亲环境农产品的销售，同时保障从事“亲环境农业”农民的权益，农民可以获得相应等级商品标签的使用权（詹蕾，2008）。根据《亲环境农业培育法》，亲环境农产品认证的有效期为 1 年，如农民出现违规行为，则将被处以 3 年以下监禁，或罚款 2.5 万美元（詹蕾，2008；2020 年 1 美元约合 6.90 人民币）。此外，该制度还对诸如有机农林产品等制定了具体的种植标准，对农药施用也有严格的规定，比如有机农产品要求禁止施用农药，再结合直接支付制度，引导农民减少农药施用量。

③实施直接支付制度。韩国于 1999 年引进并实施“亲环境农业”直接支付制度，农民因从事“亲环境农业”而遭受的收入损失可以得到补偿，而安全农产品生产行为、农村环境保护行为还可以得到相应奖励（詹蕾，2008）。该直接支付制度的补偿力度按每公顷农产品产量计算，且因农产品安全等级及土地类型的不同而有所差异。以 2003 年为例，水田中低农药农产品、无农药农产品、有机农产品及转换期有机农产品获得的补偿分别为 417 美元/hm^2、543 美元/hm^2 和 643 美元/hm^2，而旱田中种植的相应类型农产品所获得的补偿都要比水田高 20 美元/hm^2。通过给予经济奖

励，引导农民从事“亲环境农业”，减少农药施用量，甚至完全杜绝施用农药。

（2）丹麦农药减量政策实践　在丹麦，由于国内没有大江大河，加上地表径流又少，国民饮用水只能依靠地下水。但是，由于农业生产过量施用农药，未被植物吸收的农药渗入地下，造成地下水污染，危及国民饮水安全。为此，丹麦政府决定以立法的方式来规范农药施用。同时，丹麦大力发展有机农业，颁布有机农业法，并在欧盟国家中率先实行有机农业补贴制度。经过近 30 年的发展，丹麦农产品受到国际市场好评，拥有“欧洲食橱”美名，更重要的是，丹麦的地下水水质逐年变好。

①开征农药税。1986 年丹麦首次制定“农药作用计划”，按照该计划，在 1997 年前，丹麦的农药施用量需减少 50%。但是由于该计划直接影响到农场主的利益，因而招来很多农场主的反对，导致实施效果并不理想。为确保农药减量效果，1996 年丹麦政府开征农药税，其中农药的税率为 54%，除草剂与杀菌剂的税率为 33%。税的征收提高了农业生产成本，因而农民的农药施用行为更加理性，农药减量的效果非常显著（李鹏，2013）。2012 年 11 月，为进一步降低农药对环境的负面影响，丹麦政府重新制订了行动计划，具体措施多达 52 项，包括对农药的施用采取更高的标准和更严格的检查等，目标是未来 3 年内把农药对环境的负面影响再降低 40%。

②发展有机农业。丹麦积极探索发展有机农业，尽可能地减少农药等化学品投入，实现农业与环境的和谐发展。为了鼓励有机农业做大做强，丹麦政府给予有机农场主相应激励，但与多数国家做法不同的是，丹麦政府对有机农场主的激励采取的是提供教育培训、创造市场等方式，而不是直接给予补贴，不仅提高了农民素质和专业技能，而且保证了技术和政策的实施效果（杨敬忠和宣敏，2013）。

③提高农业从业者素质。为实现农药减量施用目标，丹麦政府很重视提高农业从业者素质。在丹麦，农民需经过学习、实习、继续学习等环

节，获得相关资格证后，才能成为一位真正的农民。其中“技术农民”资格的获得，需要学习 42 个月，并有相应农场实习经历，而“绿色教育证书”的获得，则还需继续学习和实习 24 个月。通过这些方式，不断提高农业从业者的素质和业务技能。此外，丹麦对农业人才的培养进行严格把关，虽然全国的农业院校有 25 所，但每年招收的新生却只有 1 200人，再通过严格考核与筛选，最终只有 900 人能获得“绿色教育证书”。

（3）加拿大农药减量政策实践　加拿大非常重视农产品安全和环境保护，对病虫害防控中的农药施用管理尤为严格。这些管理举措具体包括：由联邦、省、市构成三级农药登记管理制度；农药施用教育培训计划；针对园林、景观的农药禁令；农药废弃物的管理和处理（邵振润，2014）。这些管理举措的有效实施，一方面提高了农药的施用效率，另一方面强化了农民的环境保护意识，也为“农药减量计划”的成功实施奠定了坚实基础。1987 年加拿大率先在安大略省实行“农药减量计划”，当时计划 15 年内农药减量 50%，以保障食品安全、降低农业成本、保护环境健康。该计划由技术研究、教育培训和田间实施 3 项政策措施组成。

①技术研究。技术研究是该计划成功的基础，主要包括组建农药分析实验室、植保机械及施药技术研究与开发、有害生物综合管理（IPM）策略、非化学防治替代技术、新有害生物防治及喷洒技术等。

②教育培训。教育培训是一项永久性安排，主要针对农药销售人员和农药施用者，旨在通过专业教育培训，促进高效安全施用农药。安大略省于 1987 年立项，开始执行农药安全施用教育培训计划项目，根据该项目，农民施用农药，须持证上岗，否则将被罚款 250~350 加元（2020 年 1 加元约合 5.15 人民币）。从 1991 年开始安大略省依据农药管理法，要求有毒农药的销售人员和施用者必须参加强制性培训，培训课程完成后还须参加考试，考试合格，方可获得有效期为 5 年的资质证书。

③田间实施。田间实施采用专家现场传授、实地评估、农民培训和宣传等方式进行。通过实施“农药减量计划”，1987—1998 年，安大略省农

药有效成分减量 38.4%，每公顷农药施用量减少 33.4%，每吨作物农药施用量减少 41.8%，环境风险降低 39.5%，只用 12 年时间便实现了减少农药施用量 52%的目标。

（4）日本农药减量政策实践　在一个相当长的时期内，日本农业政策主要围绕如何增产增收和提高农民收益来制定。然而由于过度依赖化肥、农药，农业生态系统遭到一定程度的破坏，也迫使日本调整农业政策。20 世纪 90 年代，日本提出发展“环境保全型农业”，通过减少化肥、农药的施用量，减轻农业生产对环境的负荷（陈润羊，2011）。

①制定《持续农业法》。1996 年为防止农业生产带来的环境污染、增进农业自然循环机能，日本制定了《持续农业法》。《持续农业法》提倡农民在农业生产中采用农药减量技术。根据该法律，日本启动实施“生态农民”资格认定制度，凡符合条件的农民，需提出申请，经都道府县知事批准、认定后，方可获得“生态农民”资格。农民取得该资格后，在申请贷款时可获得政策优惠（焦必方和孙彬彬，2009）。“生态农民”资格具有一定的有效期，期满后符合条件者可以申请再次认定。

②实施“认定与标识制度”。日本采取了一系列“认定与标识制度”，比如“有机农产品认定”“特别栽培农产品标识”“生态农民标识”等，通过消费者的市场选择来引导并扩大农民对农药减量行为的选择。例如，“特别栽培农产品”要求农民在栽培农作物过程中，必须有效减少农药使用量，同当地正常施用惯例相比，农药使用量应低于 50%以上。此外，日本还规定，凡上市销售的“特别栽培农产品”均要在外包装上公开诸如农药减量使用情况、栽培责任者、联系方法、网站主页等有关信息。

③制定资金扶助和鼓励政策。通过提供现金补贴、政府贴息、税收减免等优惠政策，鼓励农民减少农药使用。对于从事“环境保全型农业”的农民，政府提供专用资金无息贷款。此外，如果农民被认定为“生态农民”，还可以享受税收、资金等方面的优惠（井焕茹和井秀娟，2013）。

（5）美国农药减量政策实践　在农业面源污染研究领域，美国处于领先地位，其中佐治亚州（Georgia）、弗吉尼亚州（Virginia）、切萨皮克湾（Chesapeake Bay）等都开展了本州（海湾）地区的农业面源污染专题研究。在这些专题研究的基础之上，美国环境保护总署（EPA）、美国农业部（USDA）等还开展了全国性的农业面源污染控制管理策略方面的专题研究（邱卫国，2005）。

①经济保障。在经济保障方面，美国联邦政府、各州以及地方政府，都从不同渠道为水体环境保护和农业面源污染控制提供了资金保障。提供资金的途径各不相同，可以采取直接资助、借贷等方式为面源污染提供全部或部分资金，其中借贷又可以分为有息贷款和无息贷款 2 种形式。国家净水滚动基金（The Clean Water State Revolving Fund，CWSRF）最为常用，CWSRF 是对各种环境保护项目进行资金支持的一种新方法，它不同于过去常用的直接拨款的办法。几十年的实践经验证明，CWSRF 是最为成功的联邦政府水质基金项目。在该项基金条例下，美国 EPA 授权或拨发种子基金（Seed Money）给 50 个州，外加波多黎各，使其借贷资金资本化。同时，各州向那些从事净水活动的社会团体、个人或组织提供贷款。当贷款资金偿还时，新的贷款会发放给那些在保护当地水质需要帮助的对象。就面源污染而言，其资助范围包括：减少降雨径流的农业 BMPs 的应用，包括保护性耕作装备、土壤侵蚀控制等；畜禽废弃物处置设施，包括固体粪便的储存设施，以及畜禽尸体的堆肥设施等；河岸河堤生境的恢复，滨岸廊道和滨岸缓冲带的建设；暴雨处理设施，包括暴雨沉淀塘和人工湿地等；堆肥系统的改进和移位等。

在美国，除了 CWSRF 外，还有很多类似的基金可以用于农业面源污染的防治与控制。饮用水国家滚动基金（Drinking Water State Revolving Fund）在结构上与 CWSRF 相似，它是 1996 年在《安全饮用水法案修正案》中设立的，其目的是为饮用水系统提供资金，以资助水源保护区的环境改善及污染控制项目、环境资助计划（Environmental Finance

Program）等。

②法律法规保障。在法律法规保障方面，美国政府为环境保护制定了《清洁水法案》《水质法》《海岸区非点源污染控制法》《联邦杀虫剂、杀菌剂和杀鼠剂法》等，其中《联邦杀虫剂、杀菌剂和杀鼠剂法》得到了美国环境保护总署很好的执行。该计划在其他规定中，授权环境保护总署控制农药的使用，因为农药威胁到地表水和地下水的安全。美国《联邦杀虫剂、杀菌剂和杀鼠剂法》还规定了农药的注册登记和需要的标签，如农药使用的最多次数、最大使用量以及农药使用的限制性分级（限制使用高毒农药)。

③教育、培训与推广。美国有世界上最为严格规范的农药化肥管控制度，农业已基本实现农药化肥的精准化投放，避免了超标喷洒对环境的不利因素，因此大大降低了对农业的面源污染。美国有世界上最发达的农业，原因之一是其具有成熟的农民职业教育。在美国，不仅有大量的正规农业院校，还有数不清的农业试验站及其他农业推广机构，这些机构培训农场主农业营销和农场管理知识，同时更加注重生产技术的培训，特别是农药、化肥的规范使用和农业废弃物污染控制等知识，这些对提高农民的知识素养和发展绿色农业、控制农业面源污染意义重大。另外，在美国，农场主的受教育程度普遍较高（其中相当高比例的人接受过高等教育)，这也使得他们能够正确理解环境与经济的关系，自觉地采取绿色环保、污染较小的耕作方式。可以说，美国政府在健全农业法律法规的基础上，通过完善农业教育机构和技术推广机构、保障农业资金渠道、确立农民准入制度等措施，为农民职业教育建立了完整的体系，也为农业面源污染防治提供了良好的人文基础。

（三）对我国的启示

梳理国外农药减量实践可知，上述国家采用的农药减量政策手段包括行政、法律、经济、教育培训和技术等手段。由于各国农业发展历史、发展水平以及农民素质等方面存在的差异，这些国家采用的农药减量政策手段也存在异同。行政措施和法律法规约束具有强制性及权威性，可以更好地约束农户行为，因此，这两种手段都被各国用于农药减量实践。

除行政手段和法律法规手段外，韩国、丹麦、日本和美国还采用了形式多样的经济手段。例如，通过给予经济激励引导农户采用农药替代技术等，或通过征收农药税以提高农药施用成本，从而达到引导农户减少农药施用量的目的。

农户是农药施用行为的执行者，开展教育培训可以引导农户更加合理施用农药。为此，丹麦、加拿大以及日本非常注重对农民的教育培训，一方面提升农民的综合素质，另一方面提高农民的农业技能。此外，韩国、加拿大以及日本3国还重视技术手段在实现农药减量目标上的作用，积极研发与推广农药替代及减量技术。

我国在农药减施增效的管理与政策制定方面，也应该积极借鉴国外在经济、法律、法规、标准以及教育培训和推广方面的经验，多管齐下，促进农药实现“零增长”，促进农业的绿色发展。

三、农用薄膜减量优化技术与管控措施

（一）农用薄膜减量优化使用技术进展

1. 国内农膜减量优化使用技术

（1）耕作制度优化技术　耕作制度优化技术是指通过粮、菜、棉等不同作物之间倒茬轮作探索最佳的轮作方式，结合一膜多用、行间覆盖等技术，降低农膜使用依赖度，减少地膜单位面积的平均覆盖率，进而减少农膜用量（魏国鹏，2014）。

（2）适期揭膜技术　适期揭膜技术是指筛选出各种作物的最佳揭膜

期，把作物收获后揭膜调整为收获前揭膜。揭膜时间以雨后初晴或早晨土壤湿润时最佳。一方面收获前地膜较完整回收率高，降低农膜残留对土壤生态环境的影响；另一方面回收后的农膜可进行再利用，农膜资源的循环利用也是减量防控的重要体现。

（3）生态棚膜技术　生态棚膜是指根据作物的不同光生态学特点，通过转化紫外光和调控透过光谱，使之与作物的光合作用光谱充分吻合，从而增强作物光合作用，既有增温、防病虫害、除草、抗老化、防流滴等基础功能，又有光转化和调控性能的一类光生态膜，能够显著提高作物产量、改善品质、减轻作物病虫害。该技术将光转化为作物光合作用可利用的蓝紫光和红橙光，加强光合作用，从而促进作物对养分的吸收利用。随着棚膜材料的研发，现代生态棚膜的使用寿命可达10~20年，间接达到棚膜减量使用的目的（叶永成等，2002）。

（4）完全降解地膜技术　我国从20世纪90年代起就开始可降解地膜的研发，其主体成分仍是聚乙烯。由于当时可降解膜性能不稳定，不能完全降解，还会造成二次污染，因此可降解地膜的生产没有得到推广应用。近年来，随着完全可降解农膜技术的不断成熟，我国完全可降解地膜的研发取得突破性进展。光生物降解地膜技术是其中之一，是将地面部分引入光降解技术，埋土部分引入生物降解技术，该技术基本消除了残膜危害（叶永成等，2002）。但是，不同地域、气候和农业生产条件存在差异，其降解速度受到以上因素的影响，限制了其在不同地区的推广。另外，其成本相对较高，也限制了其推广应用。

2. 国外农用薄膜减量优化使用技术

日本、美国以及欧洲各国开展了农膜性能参数、使用方式对于农田残留的影响研究，纷纷出台了关于农膜的厚度、拉伸负荷及抗风化度等强制性生产标准，从源头上确保农膜的可回收性。与此同时，各国积极开发研究可降解地膜技术，尤其是日本、美国和法国等国家在降解地膜方面水平很高，研发出生物降解地膜、光降解地膜及纸地膜等产品（舒帆，2014）。

（1）日本农膜减量优化使用技术　日本主要以聚乙烯薄膜（地膜）和聚氯乙烯薄膜（棚膜）为主，薄膜使用量呈现明显减少趋势，这与薄膜生产技术改进、耕作技术改进以及使用上的节约等有关。薄膜生产技术改进能够使农膜在同等厚度下更加耐用，同时随着地膜技术的发展，其配套的耕种、农机技术也逐渐提高，降低了地膜使用的破损率，延长了地膜使用寿命。日本塑料地膜（较厚的中膜）要使用3~4次后才丢弃，降低了经济成本，更减少了废旧地膜的排放量。目前，日本研究较多的可降解地膜类型主要有如下几种。

淀粉添加型地膜：此种地膜发展极为迅速，优点是成本低，缺点是由于目前可降解农膜材料中淀粉的含量只有20%左右，在微生物作用下分解的是占其中20%的淀粉，残留的聚烯烃膜仍无法降解，并非完全消除农田中的地膜污染问题。

纸基地膜：此种地膜使用天然植物高分子材料作为纸浆原料，地膜材料主要是壳聚糖和植物纤维素。优点是该地膜使用后可被土壤微生物完全降解，没有污染且能够促进土壤微生物的繁殖，对农作物生长有利。此外，该地膜还具有保温性能比塑料地膜好、吸水性强、蒸发散热功能好、透气性能好等特点。缺点是该地膜主要原料为纸浆，纸基地膜在干湿强度、拉伸强度、断裂伸长率等方面存在较大的缺陷，在铺设过程中或铺设之后很容易遭到破坏，铺设过程也极为麻烦。

麻地膜：主要原料为纸浆和麻纤维，也属于纸地膜的一种。优点是麻纤维的伸长率和强力大大高于纸浆纤维，地膜的韧性大大增加，是纸基地膜的改进版，缺点是当地麻纤维缺乏，价格较高，成本较大。

另外，日本还开发出一些多功能型地膜。包括：添加有机肥料型地膜，即生产地膜时把粒状固体有机肥料混入到以木浆为主要原料的纸地膜中，既可以被生物降解又省去施肥过程；防虫型地膜，此地膜具有强防虫、杀菌效果的特点，对嗅觉灵敏的野狗、野猫、老鼠等害兽和害虫也有忌避作用（许香春和王朝云，2006）。

(2) 美国农膜减量优化使用技术　美国农膜中的地膜发展较为先进，美国属于较早研究和开发降解塑料的国家，并且目前已经提出立法，要求促进使用降解塑料。在美国，主要发展的是光降解塑料和生物降解塑料(主要为添加淀粉的生物降解地膜)。

光降解地膜：光降解地膜分为添加型光降解地膜和合成型光降解地膜两种类型。添加型光降解地膜是在一般塑料原料中添加光敏剂，光敏剂在紫外光的作用下把高聚物降解成低聚物，促进地膜降解。合成型光降解地膜是在高分子链中引入光敏性基团而制成的膜。最多的是聚乙烯类光降解聚合物薄膜，如美国 Du Pont 公司生产出的乙烯/CO 共聚物。

生物降解地膜：美国利用一种可降解的聚己内酯（PCL）合成型高分子生产出不同级别的生物降解地膜。现在已开发出的是以淀粉为主要原料的各种生物降解材料，如美国农业部已获得一种以玉米淀粉和改性淀粉为主要原料生产生物降解地膜材料的技术专利。美国 Agri-Tech 公司采用此技术专门生产淀粉基高分子型可降解地膜。而美国 Warner-Lambert 公司则开发出一种由 70%支链淀粉和 30%直链淀粉混合而制成的新型树脂，其生物降解性好，被认为是材料科学重大发展。

另外，聚乳酸也是目前研究较为关注的一种完全降解地膜材料。聚乳酸塑料在土壤中掩埋 3~6 个月后可破碎，在微生物分解酶作用下，6~12 个月可变成乳酸，最终变成 CO_2 和 H_2O。2001 年 Cargill-Dow 公司在内布拉斯加州布莱尔投资建立了世界上最大的聚乳酸生产装置，它的年产量 14 万 t，且生产前景巨大。目前聚乳酸地膜的原料价格大约为 2 500美元/t，可以生产出超薄型的地膜，因此，聚乳酸被认为是很有发展前景的环保型地膜原材料之一。

(3) 法国农膜减量优化使用技术　法国地膜用量在农膜使用量中占比较大。据统计，每年地膜覆盖面积达 10 万 hm^2，年均需要更新 6 000 hm^2的农用地膜。目前，法国一些蔬菜栽培使用的主要是黑色地膜、光降解地膜、生物降解地膜以及无纺布地膜。目前法国使用无纺布覆盖栽培的蔬菜和水果面积约为1.2万hm^2。Agriweb公司通过压紧和热焊接聚乙烯丝的技术制造有孔聚乙烯农膜，是专门生产农用无纺布的企业。法国光降解地膜是通过在农膜上涂一些光敏剂增强对紫外线的敏感度或加一些添加剂延迟紫外线作用，保证地膜能够保持到植物生长出来后，在紫外线等自然环境作用下完全降解。法国目前研究较多的是聚酯类地膜与淀粉和聚酯混合型地膜。聚酯类地膜的原料主要来源于石油化工行业，淀粉主要采用玉米淀粉。目前Prosyn Polyane公司正在研究淀粉和聚合物混合型的地膜新材料。

（二）促进农用薄膜减量优化使用的管控措施

随着露地覆膜和设施栽培面积的不断扩大，农膜用量逐年增加，但回收率较低，其引发的环境问题日益突出，并受到环保管理部门的广泛关注。废弃的农膜碎片进入农田，会影响土壤的通透性，阻碍农作物吸收水分及根系生长，使耕地质量逐渐恶化，对农业生态环境造成严重破坏。为进一步加强农膜科学使用，促进农田残膜回收利用，保护农业生态环境，促进农业绿色、可持续发展，国家制定了一系列相关措施，以实现农膜使用和农田残膜回收利用“减量化、资源化、无害化”，减轻农业面源污染。

1. 国内促进农用薄膜减量优化使用的管控措施

（1）制定法律法规　我国法律中关于农膜污染防治的直接规定不多，大多只是一些间接性的规定，零星地散布在各个法律法规之中（李岸征，2019）。关于农膜污染防治的直接规定主要包括如下几个。在《中华人民共和国循环经济促进法》第三十四条中，国家倡导对农膜等农业生产过程中产生的废物进行再利用。《中华人民共和国农产品质量安全法》中规定了针对农业生产者的农膜合理使用制度，环保及农业主管部门要对农业投入品的安全使用发挥监管作用，并建立产品生产使用记录。《中华人民共和国固体废物污染环境防治法》明确提出了针对固体废物防治的“三化原则”，即“减量化、无害化、资源化”，其中也有关于农膜污染防治的直接规定。规定相关科研生产单位要加大研究力度，朝着可降解、污染小的方向研究新型农膜；农膜使用者应当及时回收废旧农膜，以减少其对环境的危害。《农产品产地安全管理办法》第二十二条规定，农业生产者要合理使用农膜，不得使用国家禁止的农业投入品；农业生产者应当及时回收废旧农膜，防止农膜对环境造成污染。

（2）*加大财政支持*　近年来，中央各部委和地方都逐步重视地膜污染治理工作，相关文件和政策陆续出台。2012 年国家发展改革委、财政部、农业部开展农业清洁生产示范工作，其中安排甘肃省 10 个县的农业清洁生产实施地膜回收利用方案，加大财政支持力度。

我国对农用地膜回收与利用的财政支持政策大致分为 4 种方式：一是鼓励“以旧膜换新膜”方式支持地膜等农业废弃物回收再利用；二是安排专项资金，对每千克残膜进行补助；三是加强废旧农膜回收网点建设；四是通过贴息、技改项目等优惠政策，加大对当地再生资源回收企业支持力度，提高其加工利用废旧农膜的能力。例如，甘肃省政府于 2009 年 5 月转批了《省农牧厅关于加强废旧农膜回收利用推进农业面源污染治理工作的意见》，甘肃省农牧厅、财政厅制定出台《省级废旧农膜回收利用专项资金管理暂行办法》，安排省级废旧农膜污染防治专项补助资金 1 000万元，积极扶持废旧农膜回收利用企业开展技术研发推广，减少废旧农膜造成的污染。2012 年 5 月起，农业部对甘肃每年安排 2 000万元用于农田残膜回收利用，主要包括加强科技研发和推广应用，加快建立废旧农膜回收利用体系，加大资金投入，加大对废旧农膜回收加工企业的扶持（信贷支持、土地利用、税收优惠），实行以奖代补、以奖促治。对从事废旧农膜回收加工利用的企业及其设立的回收点，每年根据其回收加工量，采取以奖代补扶持措施，给予一次性奖励扶持。对防治废旧农膜污染成绩突出的县市区、乡镇，经考核后给予适当奖励，以奖促治。每年根据其废旧农膜回收加工量，以 100 t（折纯量）为基础，每增加 1 t 奖励 100 元，扶持废旧农膜回收深加工企业建设。

新疆开展了农业清洁生产示范项目建设，一是以县（市、场）为单位全面推广使用0.008 mm以上厚度地膜，从源头控制污染，对使用0.008 mm以上厚度地膜的农民增加成本部分实行补贴，当年实施面积在10万亩以上。二是对项目区农民回收废旧地膜（含机械回收和人工捡拾）实行补贴；鼓励企业参与废旧地膜回收利用，对企业使用废旧地膜造粒按吨数实施奖励。三是在项目区开展废旧地膜污染综合治理宣传培训、新技术推广等工作，加强地膜销售市场管理，杜绝假冒伪劣产品进入市场。四是开展农田残膜调查工作，包括调查地膜覆盖技术推广应用情况及发展潜力；不同作物、不同覆膜方式的推广应用面积、覆膜规格及亩均用量；残膜污染情况及对农业生产影响；农田残膜回收利用情况及采取的方式方法、回收机制和政策措施；加快农田残膜回收利用的建议、意见等。

（3）制定实施意见　2015年农业部《关于打好农业面源污染防治攻坚战的实施意见》中指出，要着力解决农田残膜污染。加快地膜标准修订，严格规定地膜厚度和拉伸强度，严禁生产和使用厚度0.01 mm以下地膜，从源头保证农田残膜可回收。加大旱作农业技术补助资金支持，对加厚地膜使用、回收加工利用给予补贴。开展农田残膜回收区域性示范，扶持地膜回收网点和废旧地膜加工能力建设，逐步健全回收加工网络，创新地膜回收与再利用机制。加快生态友好型可降解地膜技术研发，在目前基础上使该技术更加成熟，通过补贴降低可降解农膜的成本，进一步推动降解农膜代替普通农膜。研发配套地膜残留捡拾与加工机具，提高废弃农膜回收率和再加工利用率。在重点地区实施全区域地膜回收加工行动，率先实现东北黑土地大田生产地膜零增长。

（4）执行回收方案　2017年农业部印发的《农膜回收行动方案》制定了“到2020年农膜回收利用率达到80%”的目标任务。在甘肃、新疆、内蒙古重点区域，以棉花、玉米、马铃薯为重点作物，建立100个以县为单位的示范样本。要求各省开展地膜覆盖技术适宜性评估，结合种植结构调整适度减少覆膜作物种植面积，促进地膜使用减量增效。之后，各省、市、县也都陆续制订了当地的农膜回收方案，把农膜回收作为推进农业绿色发展的重要内容，作为实施乡村振兴战略的一项重要举措。

《农膜回收行动方案》坚持的基本原则，一是因地制宜，分区治理。根据不同地区自然条件、资源禀赋和地膜使用特点，分区域、分作物推广地膜残留防控措施。二是典型引领，重点推进。在重点区域选择用膜大县，推进地膜回收环节补贴，构建捡拾回收加工体系，集中打造一批地膜回收利用示范县，发挥示范效应。三是多措并举，严格防控。完善法律法规，严格标准规范，强化源头防控，推进机械捡拾，综合施策，严防严控地膜污染。四是政府引导，市场推进。加大政策支持力度，充分调动地膜生产销售企业、农业生产经营者、回收利用企业、社会化服务组织等多方积极性，共同推进农膜回收工作。

《农膜回收行动方案》的重点任务，一是推进地膜覆盖减量化。因地制宜引进、示范、推广抗寒、抗旱性强，地膜依赖性低的作物品种。加强倒茬轮作制度探索，减少地膜覆盖。推进地膜覆盖技术合理应用，科学推广“一膜多用”技术，延长地膜使用寿命，减少地膜用量。加快地膜覆盖技术适宜性评估，研发高效环保多年用地膜，应用、示范和推广地膜替代产品，试验、研究地膜覆盖替代技术。二是推进地膜产品标准化。积极主动协调配合质监、工商等有关部门加强联合执法，推动地膜新国家标准实施，全程监管地膜生产企业严格执行标准，严禁生产不合格地膜产品，加大市场联合执法监管力度，坚决杜绝超薄地膜流通，确保超薄地膜不得出厂、不得入市、不得进田，从源头保障地膜的可回收性。三是推进地膜捡拾机械化。加快地膜回收机具研发和技术集成，加大地膜回收机具补贴力度，切实研发、示范和推广一批仿地表形性好、适用性强、作业效率高的废旧地膜回收机具，推动形成符合不同区域的地膜机械化捡拾综合解决方案。在机械化程度高的地区，将地膜回收作为生产全程机械化的必需环节，推动组建地膜回收作业专业组织，全面推进机械化回收。四是推进地膜回收专业化。依托国家旱作农业及省级农业生态环境保护项目，扶持从事地膜回收加工的社会化服务组织和企业，完善回收利用体系，强化规范化、制度化、长效化管理。引导种植大户、农民合作社、龙头企业等新型经营主体开展地膜回收，推动地膜回收与地膜使用成本联动，推进农业清洁生产。

各省也陆续发布农膜回收实施意见和行动方案，推动各省的农膜使用清洁化行动。

（5）制定国家标准　在国家标准方面，2017 年 12 月 11 日，工业和信息化部、国家标准委、农业部联合发布《聚乙烯吹塑农用地面覆盖薄膜》（简称《农用地膜》）强制性国家标准。新修订的《农用地膜》强制性国家标准已于 2018 年 5 月 1 日正式实施。标准对地膜的适用范围、分类、产品等级、厚度和偏差、拉伸性能、耐候性能等多项指标进行了修订，特别是提高了地膜的厚度下限，新国家标准厚度由原来的（0.008 mm±0.002 mm），变更极限偏差为（0.010 mm+0.003 mm）和（0.010 mm-0.002 mm），平均厚度允许误差为+15%和-12%，有利于地膜机播作业和回收再利用，对于解决地膜残留问题、减少农田塑膜污染、逐步改善土壤环境质量等具有重要意义。

2. 国外促进农膜减量优化使用的管控措施

（1）农膜标准方面　在农膜厚度指标标准制定方面，日本聚乙烯农膜生产现行使用标准 JISK 6781—1994 中规定地膜厚度范围为 0.02～0.10 mm，平均厚度允许误差为±15%，则最薄地膜厚度为 0.017 mm。美国聚乙烯农膜现行使用标准 ASTMD 4397—02 中规定薄膜厚度最低为 0.025 mm，平均厚度允许误差为±20%，则最薄厚度为 0.02 mm。标准中将薄膜以厚度为指标划分为 10 个等级，标准中还规定了地膜生产的材料、外观、尺寸、物理性能及检测方法。欧洲 EN 13206—2017 标准中规定地膜最低厚度为 0.025 mm，平均厚度允许误差为±5%，按照极限厚度偏差计算，最薄地膜厚度为 0.024 mm。

（2）农膜回收方面　在农膜回收立法与政策制定方面，日本、美国及欧盟各国的废旧地膜回收率相对较高，其推出的相关法律和政策对于我国加强农膜回收有很好的借鉴意义。

①日本。日本的《废弃物处理与清扫法》在 1997 年修订时将农业废塑料归入农业废弃物清单，2003 年加强了对燃烧废弃农膜的惩罚力度，2008 年强制性要求各县政府回收废弃农膜，2011 年明确了农膜生产企业回收废弃农膜的义务。该法规的第三条规定，每个生产者都有义务将废旧地膜按照国家的要求进行回收、打包，并送至规定的地点进行集中分拣和分类（严昌荣，2015）。具体的回收流程：农民要对使用后地膜进行回收、清洗，然后按照重量付费交给日本农协管理下的产业废物管理公司，公司对回收地膜进行再处理，制成燃料块后卖给有关能源企业。农民必须妥善处理生产产生的废物，并承担相应的责任，若废弃塑料农膜非法倾倒或焚烧，将处以 5 年以下有期徒刑或个人 1 000万日元以下罚款，公司处以 3 亿日元以下罚款。法律中关于废弃农膜的条例一直在不断修订，逐渐完善了对农膜生产者以及使用农户的责任规定。随着法律政策的完善，农膜回收率从 1989 年的 23%提高到 2014 年的 76%，立法效果明显。

日本 1991 年颁布了《促进再生资源利用法》，对生产企业、回收企业促进资源再生也进行了明确的规定。法律规定每个生产经营者都有义务将用后的薄膜或者地膜按要求进行回收、打包并送至规定的地点进行进一步分拣和分类，同时还要支付相应的处理费用。

日本的循环经济发展取得了巨大成就，并将发展循环经济的相关规定上升为法律，出台了《推进建立循环型社会基本法》。该部法律的出台，标志着发展循环经济的理念首次在法律中得到了体现，该法还将许多实践中的探索予以规定。明确了发展循环经济、废物回收再利用的流程。该部法律最大的亮点是将污染防治的责任主体由原来的污染生产者扩展到了农业生产者和农产品资料经营者，并就这些主体应当承担的污染防治责任予以细化。增加了污染防治的主体，有利于更有力地保护环境，完善各方主体的防治义务。

另外，日本成立了农用塑料回收处理促进委员会，并在全国 47 个都道府县设立了促进委员会分会，对全国的农用塑料回收处理进行全面的管理与宣传引导。促进会对农膜制造商、销售机构、回收处理机构的职责和义务都进行了详细的规定，形成了农民－政府－制造商－回收机构共同合作处理的体系。农膜收集的方法主要有两种：一是要求农民将废旧地膜交至统一回收点，并对农民收取部分回收处理费用，以支付给回收处理机构；二是农业协同组织或者回收处理促进委员会与经销商合作，将收集和回收的成本附加在农膜销售价格上，农膜废弃后再由委员会进行统一收集，这样可以避免农民因拒绝支付回收费用而非法处理农膜。所需回收费用的征收标准和征收方法，由各都道府县的议会根据当地情况确定。一般而言，地方政府和农业合作社对废旧农膜回收处理费用的补贴额度为 10～30 日元/kg（2020 年 100 日元约合 6.46 人民币）。

②美国。美国有 30 多个州立政府制定了农用塑料回收法规。法律规定，农民有义务收回生产的农用塑料废物，农膜制造商和进口商有义务安排妥善收集和处理二手塑料薄膜。很多州成立了农膜管理协会，协会对供应商销售的农膜质量进行把控，供应商必须向各州的协会机构注册才可以进行农膜的销售活动。回收费用通常由农膜管理协会征收，通常以附加于农膜销售费用的方式收取，也有很多州建立了鼓励优惠政策，以上交的回收量为依据，收取农民更加便宜的回收处理费用。

美国固体废物管理体系的初步建立以《固体垃圾处理方案》为标志，该方案规定各州政府有义务出台相关的法律法规来加强对废旧物质的回收利用，以此来保护生态环境和人类健康，节约社会财富，唤起公众参与环境保护的意识。对于化肥、农药、地膜的合理使用制度，在《农业法案》中进行规定，该法案对可持续农业的概念做了界定，要求包括农膜在内的农业投入品要合理使用，禁止滥用。

③欧盟。欧盟很多国家如英国、法国、意大利等都颁布了相关的农用废弃物处置法，如废物框架指令、垃圾填埋指令和包装废物指令等。欧盟农用塑料标记协会制订了农用塑料废弃物标签（Label Agri Waste）计划，该协会的主要目标是制定欧洲农用塑料废物标签制度，使其成为商品。在西班牙、意大利和希腊等大规模进行覆盖种植农业的国家，Label Agri Waste 计划在使用和收集期间对农用塑料进行管理，随后在专门的收集区进行分类、分离和整合，对其中可再生农业废弃塑料进行标签管理，从而实现质量控制与产品追溯。如果收集和处理的废弃农膜在清洁度、材质和性能上符合规范要求，便将其标记为可以转化为有价值的商品，同时具备这项标签准许的农业废塑料可以在欧洲市场进行运输和交易，实现回收利用效益的最大化。这将为农民、中小企业提供有关如何收集和分类废物的准则，并且使废弃农膜的销售形成标准化产业链，为实现 100% 的废物收集率提供强有力的动力，从而实现更加清洁的环境。

（三）对我国的启示

国外对于农用地膜污染防治的研究，主要侧重于技术和管理方面，这得益于发达国家先进的技术手段与特定的社会发展阶段。

在我国发展的现阶段，农业生产的技术水平与管理模式与发达国家相比还存在着较大差距，但农用地膜所引起的污染对环境的威胁却迫在眉睫。所以在努力提升技术水平和生产管理方式的同时，通过法律手段防治农用地膜污染是一项紧迫且必要的任务（李岸征，2019）

综上所述，国外的农膜减量政策和标准对我国有以下 3 个方面的借鉴意义。

一是健全农膜管理的法律法规和制度措施并加强监督力度，使法律及规章制度得到有力实施。提高农膜生产商的准入条件；制定废弃农膜回收强制性制度，对不执行者加大惩罚力度。

二是严格执行新的农膜生产标准，严控农膜厚度、抗拉伸强度等关键指标。加强农膜销售市场管理，从链条上控制农膜质量。

三是建立废弃农膜循环利用制度与体系，如废弃农膜回收及经济补偿体系、环境资源信息透明制度、公众监督制度、区域环境保护制度等，形成较完善的农膜循环利用和生产企业长效发展机制。

第六章　京津冀种植业农用化学品减量增效路径与污染防控对策

一、种植业农用化学品减量增效路径

京津冀种植业农用化学品投入减量增效行动势在必行，对于保护生态环境和提高农业生产竞争力均具有重要意义。通过对当前国内外主要国家在种植业农用化学品投入减量增效的技术进展和管理措施进行梳理和总结，提出京津冀种植业农用化学品减量增效的路径仍需要在相关政策、法律、标准的制定与实施，农业绿色发展技术研发与推广应用，公众的宣传、教育培训和积极参与等方面，全面深入开展大量管理和研发工作，以促进京津冀种植业源污染防控，实现农业绿色发展和乡村振兴。

农业生产化肥减量增效要从控制化肥增量入手，化肥增量的主要贡献因素来自作物种植面积的增加和化肥施用强度的加大。因此，实施化肥减量增效可采取的路径如下：一是合理降低化肥施用强度，提高化肥利用效率；二是适时降低耕地利用强度，完善农作物轮作生产体系，适时休耕；三是因地制宜建立农牧业生产体系，促进资源物质良性循环。为保障农产品的及时充足供应和国家粮食安全，控制化肥施用强度是首要目标。亟须根据目前化肥施用强度主要贡献作物确定化肥减量的可行路径。在京津冀区域，首先应控制施肥强度较高且强度上升幅度较大的蔬菜、果树施肥量，其次重点调控对化肥增量贡献较大的小麦和玉米作物施肥量，通过科学合理调整作物的施肥水平，提高化肥利用效率，进而从源头减少化肥投入。同时，对区域进行网格化精准管理，对化肥增量贡献较大的区域进行重点管控，适时实行轮作休耕制度，通过调整作物种植面积来调整种植结构，合理降低化肥投入总量。

农业生产中农药减量增效需从农药控源减量集成技术入手，对所用农药进行环境风险评估，研发并选择使用低毒、高效、低残留的环境低风险农药品种替代环境高风险农药品种，推荐使用物理和生物防控技术。同时，做好当地病虫害监测与预警，结合精准喷药技术设施，开展农药实时减量应用技术。在农药使用管理方面，积极构建农药使用环境安全管理体系，主要体现在加强市场监督，防止禁止使用的高毒高残留农药流入农民手中；建立农药使用限量标准，避免过量农药投入；加强农药使用技术与方法培训指导，提高农药使用的科学性；加强宣传教育，提高民众环保意识；推广农药防治技术成果以及建立农药科学使用激励机制等方面。

在农膜减量优化使用方面，一是提高农业科技服务水平，促使农民合理使用符合标准的高质量农膜；二是加强科技创新，研发经济实用的可降解农膜，提高研发产品的推广力度和农户接纳程度；三是制定有效的农膜管理政策和法规，鼓励农民和企业主动从事农膜回收活动，建立较为完善的农膜回收机制。四是加强农膜回收机械的设备研发，提高农膜回收机械覆盖率，减少人工成本。

从整体来看，化肥、农药、农膜的过量使用对生态安全和环境安全造成了严重威胁，提倡农用化学品减量使用已经刻不容缓。在农用化学品污染防控管理过程中，可以通过制定政策法律、加强农民参与程度、适度扩大种植规模、加强农技部门教育培训等方面具体实施种植业源污染防控。

（一）以政策法律推动农用化学品减量使用

农用化学品减量使用相关法律法规和政策措施的制定，能够从政府管理层面使农用化学品的投入有法可依、有章可循。可考虑从农用化学品投入总体目标、减量增效主要措施、实施管理部门、监督部门、奖惩手段等方面，探讨农用化学品投入减量使用政策制定与立法的可行性，探索以法律法规和政策制度规范管理农用化学品投入行为的实施路径。

（二）抓农民主体激励农用化学品减量使用

农民作为农业生产的参与主体，掌握着农用化学品减量实施的主动权，在农业生产中发挥着重要作用。农用化学品减量行动根在农民。可通过对农民宣传推广普及科学施肥、施药技术和理念，从根本上解决化肥、农药减量使用的技术瓶颈；通过提高经营门槛、技术培训、业务深造等途径提高农村地区农资经营门店人员的素质，引导农户提升农业生产技术水平。可采取激励措施促进农民对可降解农膜的认可，扩大可降解农膜的使用面积，从数量上减少非降解农膜的污染途径。

（三）建规模种植带动农用化学品减量使用

规模种植有利于生产经营者采用机械化管理，可以采用信息化手段进行变量精准施肥；也可对病虫害进行统防统治，减少农药投入和提高农药利用效率；对于农膜使用，也可集中进行机械化回收和定点回购，方便管理。规模种植面积较大，生产布局相对集中，对周边农户的带动作用明显，社会影响力也较显著。同时，规模经营者和技术操作人员知识和技术水平相对较高，对新型农业技术的接纳程度较高，有利于农业技术的应用与推广。

（四）强教育培训促进农用化学品减量使用

农业技术管理与推广部门应加强对农民的培训，普及科学施肥知识，引导农民加强精准施肥管理，避免因盲目施肥造成的资源浪费和环境污染。在农药使用管理方面，始终坚持“预防为主，综合防治”植保方针，提高农民对农药使用的认知水平，帮助农民提升农药使用技术水平。同时，农业植保部门应加强重大有害生物发生的预测预报，提高对重大有害生物的监测预警水平，确保农业生产经营者及时准确地对症下药，避免盲目使用农药。在农膜使用上，指导农民适量使用农膜、适时揭膜农艺措施，加强可降解农膜的应用示范和科普宣传，提高可降解农膜的接纳程度。

农业相关管理部门应加强对农资经销商的管理和培训。农资经销商多为个体经营者，是农户购买农用化学品最直接的服务者和技术传授者。但是由于农资经销商农业专业知识水平参差不齐，多数从业人员对农业生产认知不够专业，对农民用肥、用药、用膜的指导缺乏科学性。因此，亟须加强对这类从业人员的管理和技术培训。通过提升农资经营人员素质，指导农户科学合理投入农用化学品，推进农业绿色发展。

另外，要发挥行业协会、农业联盟对农用化学品使用技术引导、宣传和科普的作用，快速提升行业整体水平，加强引导与示范作用，逐步减少化肥农药农膜的不科学使用。

（五）依社会服务助推农用化学品减量使用

大国小农是我国的基本国情农情。我国以小农户生产经营为主，小农生产方式是我国农业发展需要长期面对的基本现实。把农民的土地集中到少数主体手中搞大规模集中经营虽然是未来发展方向，但是短期内还难以实现。因此，现阶段通过发展农业社会化服务，将先进适用的品种、技术、装备、组织形式等现代生产要素有效导入农业，实现农业生产过程的专业化、标准化、集约化和现代化，实现小农户和现代农业的有机衔接，是助推农用化学品减量使用的有效途径。遵从农民意愿，把一家一户独立的生产环节集中起来，通过委托专业的农业社会化服务组织，集中采购生产资料，降低农业物化成本；统一进行机械化作业，提高农业生产效率；集成应用先进品种和技术，开展标准化生产，提升农产品品质和产量，实现优质优价。凭借农业社会化服务组织较高的农业技术知识和装备水平，着力解决农业科技落地的“最后一公里”问题，改善资源要素投入结构和质量，促进农业节本增效，实现农用化学品的减量使用。

二、化肥污染防控对策与建议

（一）政策保障

1. 完善相关法律法规，保障化肥科学施用有法可依

为了实现化肥科学合理施用，减少化肥过量施用造成的农业面源污染，亟须制定符合我国国情的化肥科学施用法律法规，详细规定农业肥料用量的总体目标、主要措施、管理部门、监督部门、奖惩手段等方面的内容，探讨化肥科学施用立法的可行性，探索以法律法规的明确性、强制性和稳定性为“化肥零增长”目标的实现和现代农业发展保驾护航的路径，使化肥科学施用管理有法可依。

2. 加强政策规制与补贴，构建控肥减肥制度体系

一是充分运用强制性政策工具。在区域性种养布局调整、环境监管等方面做好顶层设计，完善法律法规，掌握污染防治主动权，督促畜禽粪污等有机肥资源充分投入农业生产。加大有机无机肥料配合施用推广强度，适当提高有机肥施用补贴，促进有机肥的替代，从外源投入减少化肥污染源。二是建立绿色生态导向补贴制度。减少并逐步取消对高耗能化肥企业的财政补贴和税收优惠，提高对新型环保肥料和新型推荐施肥技术推广实施等的补助力度，以经济手段调控化肥消费量。同时，加强对节肥型技术的研发、生产、推广和使用的全程补贴，建立水肥一体化等节肥技术科研成果权益分享机制，形成完整的农业“控肥减肥”政策制度体系。

3. 制定限量标准和评价体系，促使施肥有度可限

一是制定作物施肥限量标准体系。不同的作物具有不同的养分需求特征，当前对主要作物的化肥施用限量标准多有缺失，导致作物的最大化肥

施用量没有限制。因此，亟须因地制宜制定不同作物的化肥施用限量标准，从标准的层面管理和控制作物的施肥用量，做到不同作物的施肥精准化管理，减少不合理肥料的投入。

二是建立综合的施肥评价指标体系。合理评估当前的施肥水平，及时发现存在的问题，并进行施肥调整。同时将施肥评价与土壤质量评价相结合，在做好评价基础上，对不同农田进行分区管理。对于施肥量高的区域，科学降低施肥量；对于施肥量低的区域，合理平衡施肥量。通过合理调整施肥水平，进而提高土壤质量。另外，对农田土壤质量的评价，也有利于科学的施肥管理。基于土壤质量评价，可以对高等级耕地实施重点保护，对中等级耕地进行投入控制，对低等级耕地进行整改或逐步调整，从而间接控制化肥施用强度。

4. 完善市场机制，调动主体节肥技术应用积极性

一是提高节肥技术经济效益，通过补贴节肥技术提高经济效益，增加市场竞争力，充分调动种植主体积极采用节肥技术；二是扶持有机肥产业的发展，积极推进粪便收集处理中心、有机肥生产厂商、沼渣沼液中介服务组织等第三方参与的模式，合理加强有机肥的投入和补贴，促使有机无机配合施用，一定程度上减少化肥的投入；三是建立氮（磷）总量和强度双控示范基地，对节肥技术进行试验、示范和推广，并为各类种植主体提供技术培训和服务，全面推广节肥技术。

（二）技术措施

1. 因地制宜科学合理施肥，提高化肥利用效率

一是推广精准施肥技术。一方面，根据土壤养分状况、作物需肥特点以及肥料利用率等基本参数，科学制定并公开发布不同区域、不同土壤类型、不同作物的肥料施用套餐，让广大农民和肥料企业认识、了解科学推荐施肥技术，引导肥料生产企业按配方生产肥料，保障肥料配方及时物化和配方肥有效供给。另一方面，开展实地养分管理技术，开发并应用适合

小农户地块和区域的信息化养分管理决策支持系统，在田间地头就可以方便快捷地指导农户在合适的时间，选择合适的肥料种类，在合适的位置施入适量的肥料，提高科学施肥水平，促进科学施肥长效机制的建立。二是提升新型肥料产品研发技术水平。引导科研院所与化肥生产企业联合，加强技术创新，积极研发缓/控释肥、掺混肥、生物肥等新型肥料产品，减少化肥投入和养分损失；三是改善农业生产管理技术。广泛采取基肥深施、肥料运筹、有机无机肥配施、水肥一体化等施肥管理技术，从土、肥、水、气方面进行合理调节，提高化肥利用效率。

2. 调整农业产业结构和轮作制度，降低化肥施用强度

在保障粮食生产安全基础上，一是建立与豆科等固氮作物轮作、混套作制度，缓解单一轮作或长期连作带来的作物产量和质量较差问题，增强作物固氮能力，合理减少化肥投入，提高化肥利用效率。二是结合各地区的作物资源禀赋优势，调整和优化各类农作物在各区域的农业结构，推进“节肥型”农业生产结构进程。结合京津冀农业生产条件和功能定位，建议在北京和天津推进都市农业进程，在郊区发展无公害、有机农产品等高附加值农业，在源头和生产过程中，减少农用化学品的投入；在河北主要发展主粮农业及基本蔬菜产品的保障供给，通过源头减量、中间控制、末尾拦截的方式，科学减少农用化学品的投入。三是在粮食产能富余地区和水资源过度消耗区，适度推行实施轮作休耕试点，实现耕地肥力自然恢复，减少化肥投入。通过改变粗放的生产方式，降低农业资源利用强度，缓解农业面源污染趋势，改变资源超强度利用的现状，扭转农业生态系统恶化的势头，实现资源永续利用。

3. 建立农牧业循环生产体系，促进化肥的有机肥替代

农业生产是一个综合系统，化肥减施增效不是仅限于停留在作物施肥管理上，更要以循环农业的理念，实现肥料资源的高效利用。一方面，应完善农牧业废弃物的综合利用技术体系，创新技术模式，完善技术标准。根据养殖规模、品种类型、区域生产条件等，研发相应的废弃物无害化处

理、资源化利用技术集成模式，促进畜禽粪便充分还田，完善畜禽规模养殖土地消纳配比等相关技术标准，实现综合利用、达标排放；另一方面，探寻具有生态特点的种养循环模式。把畜禽养殖业发展与绿色食品、有机食品生产基地建设结合起来，通过技术服务与创新，探寻生态养殖-沼气生产-有机肥还田等多级种养循环模式，实现农业生产与生态环境全面协调发展。通过有机肥的推广应用与部分化肥的替代，减少来自化肥高量投入带来的环境污染，同时保障作物产量，提高农产品品质。

三、农药污染防控对策与建议

（一）政策保障

1. 制定法律法规，编制使用技术规程

法律法规和技术规程等是推进农药使用减量工作的基础保障。一方面，京津冀应根据国家总体部署，制定农药生产、登记、销售和使用相关法律法规，加强禁用、限用农药监管，对从事生产、经营企业和种植主体从严监管，依法建立通报、曝光、整改、约谈、行政处罚等措施，保证农药的质量和农药生产、流通及使用的合规性。另一方面，制定农药生产、使用技术规程，使所有操作都有章可循，增强农药使用的合理性和科学性，有效推动农药使用减量增效。

2. 提供经济激励，建立长效补贴机制

短期来看，农药减量施用，虽然可以降低农业生产成本，但对于农民而言，可能面临着因农作物减产而带来的收益下降风险。为此，在引导农民减量施用农药时，应确保农民收益，将稳定甚至提高农民收益作为前提。考虑到农民减量使用农药带来的农产品品质提高以及农业生态环境的改善，可以给予农民适当的经济补偿或激励。因此，建议通过提供现金奖励、政府贴息、税收减免、项目扶持等优惠政策，鼓励农民减少农药使用。建议政府对于取得“三品一标”（无公害农产品、绿色食品、有机农产品和农产品地理标志）认证的企业（或农民）给予现金奖励；对从事环境友好型农业的企业或农民给予贷款贴息、税收减免、项目扶持、教育培训等优惠；对购买和使用生物农药的企业或农民给予现金补贴；对有条件的地区可以试点由政府“买单”，提供病虫害防控服务。

目前，北京主要依托示范项目开展农药机械补贴和绿色防控技术推广工作，由于项目资金额度和任务内容每年会有变化，导致实施方案、实施区域、主推绿控技术和产品需要根据任务内容有所调整，造成各类绿控技术既不能普惠到全市种植户，也无法确保各类绿控技术在同一区域长期连续使用，一些具有较好应用效果的技术和产品难以通过几年时间的连续使用让农民熟练掌握并接受。另外，现有补贴方式不利于各项技术措施发挥预期效果，也在一定程度上制约了北京农药使用减量工作。

因此，应建立农药使用长效补贴机制，明确相应的政策措施，实现绿色防控技术的大范围应用。一方面，需要补贴政策带动，建议加快出台以绿色生态为导向的农业补贴制度；另一方面，需要形成绿色防控农产品优质优价的有效措施。建议建立便于消费者甄别的绿色防控优质农产品识别方式，通过优质农产品的宣传推介和品质体验，实现销售市场对绿色防控农产品优质优价的认可，从而鼓励和带动生产者改善农药投入情况，增强科学减量使用农药的意识，逐步减少化学农药的投入量。

3. 加强教育培训，推进植保社会化服务

作物病虫害防控用工多、技术要求高、作业风险大，而当前参与防控的多是老弱劳力，加上对病虫害防控知识不足，滥用、乱用、误用农药的现象较为普遍。因此，应积极开展农药安全使用教育培训，增强用药意识，引导农民合理用药，切实提高用药科学水平，保证农产品质量，保护农村生态环境。此外，应加快培育农村实用人才，弥补农业人才的短板，培育一批有文化懂技术会操作的农民，使其更好地引导和带领其他农民科学使用农药。

植保社会化服务有利于推进植保作业的规范化和标准化，也有助于相关部门加强对农药投入品的监管，从而在农药使用环节提高农药利用率、减少农药投入量，建议财政、审计等部门加大对政府购买服务措施的政策配套，推动北京植保社会化服务发展。另外，北京也需要根据都市现代农业特点，加大力度推介与统防统治配套的农药、药械、防治技术和管理模式，指导相关企业提高作业水平、完善工作标准和管理制度。

（二）技术措施

1. 积极推广绿色防控技术

当前京津冀多数地区病虫害防控办法比较单一、防控思路比较被动，病虫害治理更多依赖农药。该地区病虫害物理防控设施尚未全面普及，生物防控技术尚未全面推广，诸如物理防控、生物防控等方法并未大规模使用。发展绿色防控技术，能够最大限度地减少农药施用量，是提升农产品品质的重要措施之一。因此，应借鉴韩国、日本等国的实践，采取物理防控、化学防控、生物防控等环境友好型措施，减少农药使用量，保护生态环境，将被动治理转为主动预防。为此，一方面应加快普及病虫害物理、化学和生物防控技术，采取安装太阳能杀虫灯诱捕器、安放引诱剂、悬挂黄板、喷施高效低残留杀虫剂/杀菌剂、释放天敌等防控措施；另一方面应推广有利于减少病虫害的种苗处理技术及栽培技术，降低病虫害发生的可能性。

2. 推进专业统防统治技术

在京津冀的一些农村地区，由于农民分散经营，农民喷洒农药的标准不一，盲目施药、随意施药的情况比较普遍，再加上喷洒农药的器械落后，“跑、冒、滴、漏”现象严重，造成农药严重浪费。因此，建议在作物集中连片区域，开展病虫害专业统防统治技术，提高农药利用率。在当前农民科技知识不足、劳动力缺乏、种植规模偏小的情况下，积极采取“政府部门+防治组织+农民”的形式，由政府扶持防治组织的发展，再以契约形式，由专业防治组织来承担分散农民防治病虫害的责任，而对这些防治组织的规范和管理则由政府来完成。

四、农膜污染防控对策与建议

（一）政策保障

1. 制定政策法规，规范农膜使用与回收行为

政府部门可以通过制定一系列的政策，规范农膜的生产、销售、使用、回收和再利用行为。主管部门可以制定和实施农膜使用和回收的相关标准、政策、法规和相应的处罚条例，如《农用地膜生产规格标准》《农膜生产中塑化剂限定标准》《农膜入市销售许可》《农膜回收利用管理办法》《农膜使用与管理技术导则》《农膜残留标准》等，规范农膜的使用，对不按规定生产、销售、回收农膜的企业或个人给予严厉的处罚，追究相关法律责任，并将农膜污染防治工作纳入法制管理。

2. 建立管理体系，加强农膜回收监管与考评

制定“农民捡拾、销售点回收、农膜生产企业处置再生”或“农民捡拾、定点回收、农膜生产企业处置”的管理模式，简化农膜使用和回收管理，规范农膜使用和回收；建立农膜产销信息系统，完善农膜定点生产和销售体系；合理规划废旧农膜回收站和田间垃圾回收点，安排专人负责管理与回收处置；强化政府监督职责，将与农膜相关的监督管理纳入相关部门绩效考评；引导和调动农膜行业协会与社会组织的积极性，加强其与政府、农户间的交流，实现对农膜使用中各种违规行为的有效监督和制约。

3. 采取多种手段，激发主体农膜回收意愿

政府部门可以通过出台“以旧换新”的政策，激励农户在生产过程中，积极主动捡拾废旧农膜；通过制定有关拟建、扩建或已建成的残膜回

收企业在用地方面的优惠政策，激发企业从事残膜回收工作的积极性，并在技术创新、设备引进及产品销售方面给予指导和扶持。通过减免税额、贴息或无息贷款的形式，鼓励有能力的农膜生产企业研发生产可降解地膜，并从事废旧农膜回收再利用工作；可考虑提高环境污染税和废旧农膜回收价格，激发企业或农民回收废旧农膜的积极性，促进废旧农膜回收率；建议设立专项基金，鼓励相关企事业单位或个人开展与农膜生产、使用和回收相关的技术创新研究；同时建立补偿机制，对积极主动回收废旧农膜和使用生态农膜的农户给予一定的货币补偿。通过金融、税收、财政、信贷以及补偿等经济手段，以减少农膜生产、使用、回收等过程中带来的环境污染问题。

4. 加强宣传引导，提高理性认知与环保意识

地膜残留的危害具有长期性、隐蔽性、复杂性和难治理性。当前应利用手机、电视、报纸、网络等多种媒体加强地膜残留危害的宣传教育，向广大人民群众尤其是农民和企业等参与主体宣传农田残膜危害、残膜回收与利用的知识，提高农民理性认识。引导农民使用标准地膜，积极捡拾交售废旧地膜；深入分析残膜回收与资源化利用的社会经济效益，引导企业更多参与农田残膜回收利用与再生产；开展与农膜使用回收相关的科普知识讲座，加强农膜污染与危害宣传教育，提高民众环保意识。

（二）技术措施

科技创新是降低农膜污染的重要支撑。农膜使用的技术对策涉及农膜的生产、使用、回收以及再利用等多个环节。鼓励农膜生产企业技术革新，提高农膜质量，加快生态环保型农膜的研发和推广，从源头降低农膜应用的污染风险；根据我国农业特点，研制轻便型残膜回收机械以及残膜清洗与压缩打包机械，提高农膜回收率；优化耕作制度，推广适时揭膜技术、一膜多用技术以及轮作倒茬制度，降低农膜用量和提高残膜回收率；培养专业技术人才和技术骨干，加强农膜应用和残膜回收技术指导与培

训，为农膜使用产生的污染和风险提供解决方案。

1. 推进标准化地膜的使用

国家强制性标准《聚乙烯吹塑农用地面覆盖薄膜》（GB 13735—2017）于2018年5月1日起正式实施，新标准提高了地膜厚度，增加了拉伸强度和断裂伸长率，从源头保障了地膜的可回收性。应加强对地膜生产企业的监管，严格按照国家标准生产地膜，推进高标准加厚地膜的应用。同时要严格打击农资市场上不符合标准的地膜的存在，杜绝非标准地膜生产、销售和使用。此外，新地膜标准的实施，延长了地膜使用时间，增加了地膜的可回收性，应强化对一膜两年用等延期利用技术的推广，减少地膜投入量。

2. 加强残膜污染监控与防治

将农田地膜残留污染监控和土壤污染、水资源污染、大气污染的监控列到同等重要的位置。开展全国地膜污染状况普查。摸清底数，确定重度污染、中度污染和轻度污染区域，因地制宜确定不同的发展和治理措施。开展地膜污染对农作物产量、耕地质量、水体环境及人体健康的长期、定位跟踪研究，设立长期定位监测点，获取地膜残留污染的系统权威数据，为地膜残留污染治理提供技术和理论支撑。制定全国范围的治理规划，按照被污染程度，制订相应的监控和治理方案，防止污染程度进一步扩大。

3. 强化科技支撑与成果应用

将地膜污染防治列入科技重点支持项目，依托大专院校和科研院所，针对地膜生产与农田残膜限量标准、残膜资源化利用、可降解地膜、机械回收、污染监测评价等关键问题加强科研攻关。研发可降解地膜新产品，优化地膜覆盖方式，加快地膜覆盖技术适应性研究，推广适时揭膜技术，并将地膜覆盖和机械回收等相关联技术研发有机结合，建立农田残膜污染综合防治科技支撑体系。同时，加快科技成果应用转化，建设示范推广基地，广泛开展技术宣传培训，提高基层技术人员、广大农民及残膜回收加工企业的技术水平，扩大技术成果的应用范围。因地制宜，确保技术研发、应用与农业生产和生态保护同步。

五、种植业源污染综合防控对策与建议

如何有效平衡作物产量、品质及生态安全与农用化学投入品之间的关系是需要解决的重要问题。在国家大力发展可持续绿色农业背景下，亟须结合区域特点，综合施策，创新发展和建立多种先进的农用化学品减量增效技术与管理体系，为实现主要农作物“化肥、农药施用量零增长”目标提供理论支撑与发展环境支持，为农膜的科学合理使用提供指导与经验借鉴。

结合京津冀农用化学品使用现状和形势，综合国内外现代农业生产技术研究进展与应用情况，从政策法规、技术研究及宣传培训等方面提出以下几点建议。

（一）加强法制保障，制定综合性种植业源污染防治法

立法先行，措施跟进。我国近几年陆续制定了《中华人民共和国土壤污染防治法》《中华人民共和国水污染防治法》《中华人民共和国大气污染防治法》，以法律的手段保护土壤环境、水环境和大气环境。这些法律中也提到了国家鼓励和支持农业生产者采取使用低毒、低残留农药以及先进喷施技术；使用符合标准的有机肥、高效肥；采用测土配方施肥技术、生物防治等病虫害绿色防控技术；使用生物可降解农用薄膜等措施，但是仅停留在倡导性建议层面，强制性不够突出。而且，我国尚没有专门针对种植业源污染治理的法律，虽然新颁布的《中华人民共和国环境保护法》对农业面源污染有明确规定，但由于相对简略，无法应对日益严重的现实危机。此外，相关法规条例涉及的农业面源污染内容也绝大多数只有主题性内容或原则性规定，且存在内容交叉、笼统粗略、针对性不强以及不易操

作等问题，为法律执行和法律监督带来不便。

因此，建议考虑制定科学的专门针对农业面源污染的法律，促进农用化学品投入的法治保障，并与现有法律法规整合归并、消减相互间的矛盾冲突，从立法层面约束不科学的农用化学品投入；同时也要因地制宜，完善和细化地方防治种植业源污染的法规，把立法重点放在发展绿色农业、农业技术管控、生态补偿机制和农民职业教育培训等方面，切实做到有法可依、权责分明、便于执行，从法律保障方面减少种植业源污染。

（二）坚持政府主导，构建完善扶持与监管政策体系

政府在政策制定、研发推广、制度构建等方面发挥着积极的主导作用。因此，京津冀各管理部门也应对政府在农业环境保护体系建设中的主导地位加以重视，充分发挥各级政府的领导职能，同时兼顾环境保护与粮食安全，切实推进农业绿色发展。

在政策制定方面，命令控制型政策与经济激励型政策要相辅相成。命令控制型农用化学品减量政策的主要优点是政策效果确定、见效快。但是，也存在一些不足，一是管理成本很高，其有效实施必须以严格监控目标农户的农用化学品使用情况为前提，尤其我国是以一家一户小规模经营模式为主，面对农户较多的情况下，这一过程的执行成本更为巨大；二是缺乏灵活性，由于不同农户的资源禀赋和生产能力等存在差异，要达到同一减量目标所要支付的成本也不同，命令控制型政策的强制性使得农民无法根据成本效益做出最符合自身利益的选择；三是不能为农户提供进一步减少农用化学品投入的动力。而经济激励型政策其主要优点在于增加农户在农业生产中控制农用化学品投入行为的灵活性、效率和成本效益，它提供多种选择，有利于目标农户根据这些选择的成本效益分析做出最符合自身利益的选择，从而引导或促使农户不断减少农用化学品投入量，且管理成本相对于命令控制型政策较低。

因此，建议将命令控制型农用化学品减量政策与经济激励型政策相结

合，建立因地制宜的作物农用化学品投入限量标准，并对自愿采纳环境友好型生产方式的农户给予补贴、技术支持和相关金融支持，建立生态补偿制度，提高农户的积极性。

（三）完善市场机制，促进实施农业清洁生产技术

可借鉴美国经济激励型政策，充分发挥市场机制的引导作用，促使农户采用清洁生产型技术。为保证该类型政策的有效实施，需加强绿色优质农产品宣传和管理力度，完善农产品价格机制。一方面，对农民购买和使用病虫害绿色防控、采用科学施肥技术、农业废弃物资源化利用等行为进行一定数额的经济补助和奖励，确保政策的制定与补贴方向相一致；在此基础上，逐渐把给予采纳环境友好型生产方式农户的补贴、技术支持等标准与农资价格变化、农产品价格变化联系起来，真正降低目标农户的生产成本，从而使政策效果得到切实体现。另一方面，加强农产品质量安全监管与追溯管理，对禁止使用的农用化学品，加强市场监管与巡查，防止禁用品在农田使用。同时，引导农业生产者采用清洁生产技术，在保障农产品质量安全的基础上，减少农用化学品的使用，从而达到减量增效的目的。

（四）培育新型主体，引导农业生产方式绿色转型

一方面，对各地受到农业污染的土壤、水体进行监测，划定脆弱区，并设定具体的环境标准，制定新的农用化学品投入管理法律法规和相关制度，如“化肥安全使用环境管理办法”等，设定具体的生产和使用减量目标，限制使用量和使用方式，从而规范农业生产者行为。同时，可考虑培育专业大户、家庭农场、农民合作社等新型农业经营主体，聚散为整，以保证执法监督和环境管理的有效性。

另一方面，充分发挥新型农业经营主体的带动作用。在农业生产经营过程中，农业协会、农业合作社等农业合作组织的参与不仅有助于绿色农

业技术普及，而且考虑到绿色农业生产周期长，初期风险大、产量低、转换期长等特点，在生产环节也可以起到降低成本和相互监督等良性协同效应。同时，农业合作组织可凭借其自身优势充分发挥示范和宣传作用，通过科普和报纸、广播、传单等大众媒体普及减少农用化学品施用对环境保护和人类健康的重要性，使人们切实认识到农用化学品减量的必要性，提高从事农业生产的组织、单位和农民的生态、环保和法律意识，从而引导其从传统农业生产方式向绿色农业生产方式转变。

（五）注重因地制宜，建立种植业源污染防控管理框架

种植业源化肥、农药、农膜等农用化学品的投入所带来的污染同点源污染相比，具有随机性、广泛性、滞后性、模糊性和潜伏性等特点，监测和治理相对都比较困难。有关研究表明，在农业面源污染的控制中，BMPs具有不可替代的重要作用，是服务于一个特定功能的单个或一系列实践活动，美国、阿根廷、巴西等国家都成功采用BMPs来进行农业生产的管理。这不但给农民带来了可观的经济效益，也给整个社会带来了巨大的环境效益和社会效益。近年来，我国在农业面源污染控制方面做了大量工作，一些科学的养分管理和流失防控技术措施，如测土施肥、等高植物篱和多水塘系统等都取得了一定的成就，可以作为单个独立的最佳管理措施来减少种植业源环境污染，但是目前尚未形成系统性的种植业源污染防控管理框架系统和技术体系，在综合开展种植业源污染防控方面的工作尚有不足。农业活动是最大的面源污染源，BMPs具有高效、经济、环保的特性，符合经济效益、社会效益和环境效益相统一的原则。随着BMPs研究的不断发展，在种植业源污染的控制方面必然有着更加广泛和深入的应用。因此，建议针对京津冀，因地制宜地开展不同空间尺度的种植业源污染控制BMPs框架体系研究，构建适合区域特点的面源污染控制BMPs体系，进一步制定种植业源污染防控技术规程。

（六）加强科技创新，提高农用化学品使用效能

科学技术是第一生产力，农业技术创新是解决好“三农”问题、促进农业增长转型的有效途径。化肥、农药、农膜等农用化学品不合理投入造成的土壤和水体污染不断加剧，农业生态环境面临前所未有的挑战和压力。虽然我国也较早开始探索面向环境友好的农业技术创新，但依然存在创新投入不足、创新主体模糊、科技成果转化率低等一系列不容忽视的问题，阻碍着农业技术创新对农业经济的推动。

因此，建议搭建政府-科研院所-企业联动的创新模式，政府提供创新促进农用化学品减量增效的制度环境，主要通过改革创新投入机制、优化创新环境与激励驱动创新平台来实现。同时，科研院所加强新技术、新产品的研发与创新，和企业共同促进技术创新成果转化，缩短创新对增长的滞后期。通过因地制宜地推进农业技术创新，提升农业全要素生产率，提高农用化学品效能。

（七）巩固技术培训，推动技术普及示范与推广

宣传培训是前提，可以更新农户观念，作用突出，尤其在一些经济欠发达地区，小农耕作的农户们安全使用农用化学投入品意识较差、技术水平低，接受新事物的能力相对较弱。为了追求高产，存在盲目施用现象，对减量投入的效果信心不足。因此，亟须加强政策引导、技术培训和知识宣传，改变他们原有的思想观念，提高科学投入认知和技术采纳意愿。开展科学施肥、合理用药、适度用膜的宣传，充分利用广播、电视、报刊、互联网等媒体，大力宣传科学施肥、安全用药和科学覆膜知识与技术，增强农民科学使用农用化学投入品的信心，提高绿色防控意识。

技术普及与推广是关键。结合新型职业农民培训工程、农村实用人才带头人素质提升计划以及干部科技人员进村入户等活动，加强技术普及与推广，提高新型经营主体技术水平。以京津冀农业创新联盟创立和科技小

院推广为契机，着力提高种粮大户、家庭农场、专业合作社和新型经营主体农用化学品科学投入技术水平，营造良好社会氛围。同时，以新型生产经营主体及专业化服务组织为重点，培养一批农用化学品科学投入技术骨干，辐射带动农民正确、科学使用农用化学投入品，促进农业绿色发展。

参考文献

白由路，杨俐苹，2006. 我国农业中的测土配方施肥［J］. 中国土壤与肥料（2）：3-7.

曹冰，2018. 机械深施化肥技术的优势及要点分析［J］. 农民致富之友（1）：131.

陈广锋，杜森，江荣风，等，2013. 我国水肥一体化技术应用及研究现状［J］. 中国农技推广，29（5）：39-41.

陈黎，仇蕾，2017. 农户化肥施用强度影响因素研究：以江苏省徐州市为例［J］. 山东农业科学，49（4）：168-172.

陈新平，张福锁，2006. 通过“3414”试验建立测土配方施肥技术指标体系［J］. 中国农技推广，22（4）：36-39.

陈瑜，2000. 日本农业环保措施及启示［J］. 台湾农业探索（4）：28-30.

陈愿福，吴友弟，1994. 南方水稻产区化肥深施技术初探［J］. 中国农机化（4）：21，24-25.

褚彩虹，冯淑怡，张蔚文，2012. 农户采用环境友好型农业技术行为的实证分析：以有机肥与测土配方施肥技术为例［J］. 中国农村经济（3）：68-77.

范表，2016. 马铃薯测土配方施肥技术规范研究［J］. 中国农业信息（1）：57-58.

冯思静，王道涵，王延松，2010. 水环境污染控制经济学方法研究进展［J］. 水资源与水工程学报，21（1）：19-25.

高超，张桃林，1999. 欧洲国家控制农业养分污染水环境的管理措施［J］. 农村生态环境，15（2）：50-53.

高晶晶，彭超，史清华，2019. 中国化肥高用量与小农户的施肥行为研究：基于1995—2016年全国农村固定观察点数据的发现［J］. 管理世界，35（10）：120-132.

高晶晶，史清华，2019. 农户生产性特征对农药施用的影响：机制与证据［J］. 中国农村经济（11）：83-99.

高鹏，简红忠，魏样，等，2012. 水肥一体化技术的应用现状与发展前景［J］. 现代农业科技（8）：250，257.

高日平，赵思华，高宇，等，2019. 内蒙古黄土高原秸秆还田对土壤养分特性及玉米产量的影响［J］. 北方农业学报，47（4）：52-56.

郭鸿鹏，朱静雅，杨印生，2008. 农业非点源污染防治技术的研究现状及进展［J］. 农业工程学报，24（4）：290-295.

韩秀娣，2000. 最佳管理措施在非点源污染防治中的应用［J］. 上海环境科学，19（3）：102-104.

何萍，徐新鹏，周卫，等，2018. 基于产量反应和农学效率的作物推荐施肥方法［M］. 北京：科学出版社.

洪立华，史禹，胡殿宽，等，2008. 浅析机械深施化肥作业［J］. 农村牧区机械化（5）：27-28.

胡博，杨颖，王芊，等，2016. 环境友好型农业生态补偿实践进展［J］. 中国农业科技导报，18（1）：7-17.

贾良良，张朝春，江荣风，等，2008. 国外测土施肥技术的发展与应用［J］. 世界农业（5）：60-63.

姜玲玲，刘静，赵同科，等，2019. 有机无机配施对番茄产量和品质影响的Meta分析［J］. 植物营养与肥料学报，25（4）：601-610.

姜太碧，2015. 农村生态环境建设中农户施肥行为影响因素分析［J］. 西南民族大学学报（人文社科版），36（12）：157-161.

焦必方，孙彬彬，2009. 日本环境保全型农业的发展现状及启示［J］. 中国人口·资源与环境，19（4）：70-76.

金书秦，魏珣，王军霞，2009. 发达国家控制农业面源污染经验借鉴［J］. 环境保护（20）：74-75.

金钟范，2005. 韩国亲环境农业发展政策实践与启示［J］. 农业经济问题（3）：73-78.

井焕茹，井秀娟，2013. 日本环境保全型农业对我国农业可持续发展的启示［J］. 西北农林科技大学学报（社会科学版）（4）：93-97.

李岸征，2019. 论我国农用地膜污染防治法律对策［D］. 兰州：兰州大学.

李芳，冯淑怡，曲福田，2017. 发达国家化肥减量政策的适用性分析及启示［J］. 农业资源与环境学报，34（1）：15-23.

李明江，陈锐，2011. 玉米测土配方施肥 3414 试验［J］. 云南农业（4）：30-31.

李鹏，2013. 丹麦将化肥农药的使用量写入法律［N］. 粮油市场报，2013-08-24（B03）.

李萍，张忠福，王海，2019. 马铃薯配施不同生物肥料试验初报［J］. 农业科技与信息（4）：35-36，39.

李筱琳，李闯，2014. 日本现代农业环境政策实施路径研究［J］. 世界农业（4）：83-86.

李学荣，王慧芳，张利国，2016. 国外农药减量施用政策实践及对中国的启示［J］. 世界农业（11）：74-79.

刘芳，张长生，陈爱武，等，2012. 秸秆还田技术研究及应用进展［J］. 作物杂志（2）：18-23.

刘静，连煜阳，2019. 种植业结构调整对化肥施用量的影响［J］. 农业环境科学学报，38（11）：2544-2552.

刘丽伟，2006. 发达国家农业可持续发展模式研究［J］. 生态经济

(10): 118-121.
路国彬, 王夏晖, 2016. 基于养分平衡的有机肥替代化肥潜力估算 [J]. 中国猪业, 11 (11): 15-18.
浦碧雯, 2013. 山东省农业面源污染现状与防治对策 [D]. 济南: 山东大学.
邱君, 2007. 中国农业污染治理的政策分析 [D]. 北京: 中国农业科学院.
邱卫国, 2005. 美国农业面源污染控制最佳管理措施探讨 [A] //中国海洋工程学会. 第十二届中国海岸工程学术讨论会论文集. 中国海洋工程学会: 中国海洋学会海洋工程分会: 5.
尚杰, 石锐, 张滨, 2019. 农业面源污染与农业经济增长关系的演化特征与动态解析 [J]. 农村经济 (9): 132-139.
沈国岩, 张光华, 2002. 化肥机械深施增产效果的试验与分析 [J]. 现代农机 (2): 22-23.
舒帆, 2014. 我国农用地膜利用与回收及其财政支持政策研究 [D]. 北京: 中国农业科学院.
宋兵, 2014. 合肥市种植业面源污染现状及存在问题对策 [J]. 安徽农学通报, 20 (14): 79-80, 87.
汤红娜, 甄亚丽, 2012. 中国农业面源污染防治及发达国家的经验借鉴 [J]. 世界农业 (4): 70-72.
王惠明, 陈燕, 刘晖, 等, 2017. 江西省不同流域种植业面源污染现状分析 [J]. 中国农学通报, 33 (30): 74-78.
王家, 夏颖, 陈琼星, 等, 2014. 兴山县香溪河流域农业面源污染现状分析 [J]. 湖北农业科学, 53 (23): 5724-5730.
王剑峰, 2011. 论采用土壤养分相对含量计算施肥量之方法 [J]. 东北农业科学, 36 (3): 27-29.
王军, 钱飞跃, 刘绪平, 2008. 测土配方施肥中的配方方法 [J]. 现代农业科技（8）：163-164.
王俊，2014. 国外农业土壤质量管理对中国农田地力补偿的启示［J］. 世界农业（2）：59-62.
王兰蕙，夏颖，范先鹏，等，2016. 湖北省种植业面源污染现状分析［J］. 湖北农业科学，55（24）：6421-6426.
王品舒，赵锦一，黄斌，等，2017. 北京市农药使用减量工作的法律依据和政策措施［J］. 安徽农学通报，23（23）：69-71.
王强，张晓琦，2014. 欧洲水管理实践对中国流域水环境管理的启示［J］. 环境科学与管理（5）：9-12.
王圣瑞，陈新平，高祥照，等，2002. "3414"肥料试验模型拟合的探讨［J］. 植物营养与肥料学报，8（4）：409-413.
王素勤，2011. 氮肥机械深施技术对玉米增产效果的试验与分析［J］. 科技风（19）：8.
王秀丽，王士海，2018. 农户农业清洁生产行为的影响因素和实施效果对比分析：以测土配方施肥和高效低毒农药技术为例［J］. 新疆农垦经济（5）：16-23.
魏国鹏，2014. 农村废旧农膜污染与防治技术［J］. 甘肃农业（17）：47-48.
闻海燕，2011. 韩国生态农业发展政策实践与启示：韩国全罗南道考察报告［J］. 中国乡镇企业（10）：75-77.
乌裕尔，2007. 韩国的亲环境农业［J］. 农村工作通讯（2）：63-64.
武留超，2018. 浅析农药减量控害增效技术在农业有害生物防治上的应用［J］. 农业与技术，38（23）：42-43.
夏语冰，2013. 丹麦将化肥农药的使用量写入法律［J］. 农产品市场周刊（36）：54-57.
肖阳，朱立志，2017. 基于三阶段 DEA 模型的农户生产技术效率研究：以甘肃省定西市和临夏县为例［J］. 世界农业（4）：180-185.

解玉洪，李曰鹏，2009. 国外缓控释肥产业化研究进展与前景［J］. 磷肥与复肥，24（4）：87-89.

徐更生，2007. 美国农业政策［M］. 北京：经济管理出版社.

徐兴家，2014. 农化服务与新型肥料发展历程（下）［N］. 中国农资，2014-11-28.

许香春，王朝云，2006. 国内外地膜覆盖栽培现状及展望［J］. 中国麻业（1）：6-11.

严昌荣，2015. 完善法规标准，杜绝残膜污染［N］. 农民日报，2015-08-20.

颜璐，2013. 农户施肥行为及影响因素的理论分析与实证研究［D］. 乌鲁木齐：新疆农业大学.

杨帆，2010. 英国肥料管理、科研与技术推广带来的启示［J］. 磷肥与复肥，25（2）：68-70.

杨敬忠，宣敏，2013. 丹麦有机农业：安全至上［J］. 农村·农业·农民（A版）（2）：49-50.

杨梦娇，2015. 新型微生物肥料的发展现状与前景［J］. 北京农业（9）：145.

杨秀平，孙东升，2006. 日本环境保全型农业的发展［J］. 世界农业（9）：42-44.

杨增旭，2012. 农业化肥面源污染治理：技术支持与政策选择［D］. 杭州：浙江大学.

叶丽丽，王翠红，彭新华，等，2010. 秸秆还田对土壤质量影响研究进展［J］. 湖南农业科学（19）：52-55.

叶永成，白福臣，于恺，2002. 我国农膜技术的发展方向［J］. 塑料工业，30（6）：1-3.

伊晓云，马立锋，石元值，等，2018. 茶园有机肥使用和有机肥替代化肥技术［J］. 中国茶叶，40（6）：10-13.

佚名，2019. 农业生物技术或将改变世界格局［J］. 世界热带农业信息（5）：36-38.

殷振琴，2018. 测土配方施肥对谷子产量及经济效益的影响［J］. 农业开发与装备（11）：136-137.

尹晓宇，2016. 河南省种植大户化肥施用行为及影响因素研究［D］. 哈尔滨：东北林业大学.

于广武，何长兴，李晓冰，等，2014. 新型肥料及其发展前景［J］. 化肥工业，41（2）：1-4.

袁文胜，金梅，吴崇友，等，2011. 国内种肥施肥机械化发展现状及思考［J］. 农机化研究，33（12）：1-5.

詹蕾，2008. 保护湖南农业生态环境的财政政策研究［D］. 长沙：湖南大学.

战美松，闫嘉琦，尹京花，等，2019. 马铃薯“3414”田间肥料效应试验分析与总结［J］. 吉林农业（12）：48-49.

张承林，郭彦彪，2005. 灌溉施肥技术［M］. 北京：化学工业出版社.

张福锁，陈新平，陈清，2009. 中国主要作物施肥指南［M］. 北京：中国农业大学出版社.

张海涛，任景明，2016. 农业政策对种植业面源污染的影响分析［J］. 生态与农村环境学报，32（6）：914-922.

张宏艳，2006. 发达国家应对农业面源污染的经济管理措施［J］. 世界农业（5）：38-40.

张世昙，2019. 肥东县种植业面源污染现状与治理对策研究［J］. 安徽农学通报，25（16）：132-133，155.

张维理，冀宏杰，KOLBE H，等，2004. 中国农业面源污染形势估计及控制对策Ⅱ. 欧美国家农业面源污染状况及控制［J］. 中国农业科学，37（7）：1018-1025.

赵惠芳，郝立岩，刘丽敏，2000. 简述平衡施肥法（三）［J］. 河北农业（5）：21-21.
赵建英，2019. 耕地生态保护激励政策对农户行为的影响研究［D］. 北京：中国地质大学（北京）.
赵庆雷，2019-08-30. 稻麦秸秆全量还田肥料减施技术研究初见成效［N］. 山东科技报（2）.
郑涛，穆环珍，黄衍初，等，2005. 非点源污染控制研究进展［J］. 环境保护（2）：31-34.
郑田甜，赵筱青，卢飞飞，等，2019. 云南星云湖流域种植业面源污染驱动力分析［J］. 生态与农村环境学报，35（6）：730-737.
中华人民共和国农业农村部新闻办公室，2019. 我国农药残留限量标准增至7107项［EB/OL］.［2019-08-30］［2020-06-27］. http：//www.moa.gov.cn/xw/zwdt/201908/t20190830_6327059.htm.
周卫，2016. 化学肥料减施增效调控途径［J］. 高效施肥（37）：3-5.
朱立志，邱君，方兴，2015. 国外土壤保护的相关措施与启示［J］. 中国土壤与肥料（2）：1-4.
朱兆良，2006. 推荐氮肥适宜施用量的方法论刍议［J］. 植物营养与肥料学报，12（1）：1-4.
CENTNER T J，HOUSTON J E，KEELER A G，et al.，1999. The adoption of best management practices to reduce agricultural water contamination［J］. Limnologica-Ecology and Management of Inland Waters，29（3）：366-373.
CHEN D，SUTER H，ISLAM A，et al.，2008. Prospects of improving efficiency of fertiliser nitrogen in Australian agriculture：a review of enhanced efficiency fertilizers［J］. Australian Journal of Soil Research，46（4）：289.
COLLEDANI M，GERSHWIN S B，2013. Review of sustainable agriculture：promotion，its challenges and opportunities in Japan［J］. Journal

of Resources and Ecology, 4 (3): 231-241.

DOSI C, THEODORE T, 1994. Nonpoint Source Pollution Regulation: Issues and Analysis [M]. Netherlands: Kluwer Academic Publishers.

DOWD B M, PRESS D, LOS HUERTOS M, 2008. Agricultural nonpoint source water pollution policy: the case of California's Central Coast [J]. Agriculture, Ecosystems & Environment, 128 (3): 151-161.

EISNER M A, 2004. Corporate environmentalism, regulatory reform, and industry self-regulation: toward genuine regulatory reinvention in the United States [J]. Governance, 17 (2): 145-167.

FOUNTAS S, BLACKMORE S, ESS D, et al., 2005. Farmer experience with precision agriculture in Denmark and the US eastern corn belt [J]. Precision Agriculture, 6 (2): 121-141.

KAMPAS A, EDWARDS A C, FERRIER R C, 2002. Joint pollution control at a catchment scale: compliance costs and policy implications [J]. Journal of Environmental Management, 66 (3): 281-291.

MAUREEN L C, OATES W E, 1992. Environmental economics: a survey [J]. Journal of Economic Literature, 30 (2): 675-740.

O'SHEA L, 2002. An economic approach to reducing water pollution: point and diffuse sources [J]. Science of the Total Environment, 282: 49-63.

O'SHEA L, WADE A, 2009. Controlling nitrate pollution: an integrated approach [J]. Land Use Policy, 26 (3): 799-808.

POTOSKI M, PRAKASH A, 2004. The regulation dilemma: cooperation and conflict in environmental governance [J]. Public Administration Review, 64 (2): 152-163.

SHAVIV A, 2000. Advances in controlled release fertilizers [J]. Advances in Agronomy, 71: 1-49.

SHORTLE J S，ABLER D，2001. Environmental Policies for Agricultural Pollution Control [M]. Wallingford，UK：CABI Publishing.

THEODORE W S，1964. Transforming Traditional Agriculture [M]. London：Yale University Press.